Sagert sc.

Wilhelm von Humboldt

AF809890

Sonette

von

Wilhelm von Humboldt.

Berlin,
Druck und Verlag von Georg Reimer.
1853.

Vorwort

von Alexander v. Humboldt.

Die Sonette meines Bruders, von ihm selbst nicht zur Veröffentlichung bestimmt, ja den nächsten Angehörigen bis zu seinem Tode (am 8 April 1835) unbekannt geblieben, sind, wie ich schon an einem anderen Orte gesagt, als ein Tagebuch zu betrachten, in dem ein edles, still bewegtes Seelenleben sich abspiegelt. Aus diesem Gesichtspunkte betrachtet, gewährt ihre Sammlung ein eigenthümliches Interesse. Wenn sie einen Reichthum von Ideen offenbart über den erhabenen Einklang in den Kräften der Natur, wie über das ungleiche Wechselspiel in den Schicksalen der Menschheit; so bezeugt sie auch zugleich Ruhe und milde Stimmung des Gemüths am Ende einer Laufbahn in vielbewegter Zeit. Bei einem Staatsmanne, der nach langer und angestrengter

Thätigkeit in einen engen Familienkreis zurücktritt, um dem Genuß der freien Natur, um großen, aber schmerzlichen Erinnerungen, um dem Studium des Alterthums und der Entwickelung der Sprachorganismen zu leben: sind eine solche Milde, ein solcher innerer Friede des Gemüths eine seltene, schön errungene Himmelsgabe zu nennen.

In dieser Betrachtung ist wenigstens theilweise die Ursach des Beifalls bezeichnet, der in weiten Kreisen in und außerhalb Deutschlands den Briefen Wilhelms von Humboldt an eine Freundin so anhaltend geschenkt worden ist. Die kleinen poetischen Schöpfungen, welche hier zum ersten Male vereint erscheinen, nachdem sie vorher in 7 Bänden der gesammelten Werke zerstreut waren, enthalten gleichsam die Selbstbiographie, die Charakterschilderung des theuren Bruders, dessen Beispiel wesentlich auf meine geistigen Bestrebungen eingewirkt hat und den ich so viele Jahre zu überleben bestimmt bin. Die Sonette sind ausgewählt aus einer großen Zahl, da er nach dem Verluste seiner hochbegabten Gattin (26 März 1829) fast jeden Tag eines, bisweilen in später Nacht, aus dem Gedächtniß niederschreiben ließ. Jedes Hundert der Sonette wurde abgesondert und dann erst einer flüchtigen Correctur unterworfen. Die ganze Composition fällt in die letzten Lebensjahre, ohngefähr vom September 1831 bis Anfang März 1835, wo eine Krankheit Herrn Ferdinand Schulz (den jetzigen geheimen Registrator bei der Hauptverwaltung der Staatsschulden) von ihm trennte. Diesem Manne, der sein ganzes Vertrauen besaß, verdanken wir die Kenntniß des lange verborgenen Kästchens, in welchem die Sonette aufbewahrt wurden.

Die anmuthigen Umgebungen des Landsitzes von Tegel (See und Wald); das Grabmonument: eine Granitsäule, welche die Statue der Spes von Thorwaldsen krönt; der Anblick des Meeres in drei auf einander folgenden Reisen nach dem Bade Norderney; haben jene Dichtungen hervorgerufen. In dem innersten empfänglichen Sinn des Menschen reflectirt lebendig und wahr sich die physische Welt. Wo die Freude an der Natur, wie es der Fall bei dem Hingeschiedenen war, mit dem Alter zunimmt, bietet unter jeglicher Zone der Blick auf die unbegrenzte Meeresfläche oder auf die ewigen Sterne des Himmelsgewölbes das ernste, erhabene Bild der Unendlichkeit dar.

Aber Reichthum in der Welt der Gedanken wie in der Welt der Gefühle ist nur Stoff, nur das Material zu idealer dichterischer Gestaltung. In der Dichtung müssen, nach dem alten Ausspruche Schiller's *) »Stoff und Form, selbst die äußere, innigst zusammenhangen.« Ein langer Aufenthalt in Rom, und vielleicht ein lebhaftes Interesse für gewisse Epochen des italiänischen Dichterlebens scheinen meinem Bruder eine besondere Vorliebe für eine kleine lyrische Form eingeflößt zu haben, welche dem Gedanken (soll der Wohlklang nicht aufgeopfert werden) enge Fesseln anlegt, die er aber mit bewußter Freiheit behandelte. Wenn nun der Dichter nach seiner realen Eigenheit und Individualität am lebhaftesten das Bedürfniß fühlte, alles was der Empfindung entquillt, mit Ideen zu verweben; wenn es ihm an Muße und augenblicklich auch an Neigung fehlte in das tiefe Geheimniß von dem Verhältniß des Rhythmus zu dem Gedanken einzudringen: so

*) Schiller im Briefwechsel mit Göthe Theil 3. S. 327.

mußte allerdings eine mindere Sorgfalt, auf die Form gewandt, Störung des Eindrucks da verursachen, wo sich der dichterische Stoff in allzu reicher Fülle dargeboten hatte. Mit vielem Rechte zögernd, in einem mir so fremden Gebiete ein bestimmtes Urtheil auszusprechen, wage ich doch daran zu erinnern, daß die Störungen, deren ich Erwähnung that, wohl mehr bei Vereinzelung der Sonette als bei ihrer Aneinanderreihung gefühlt werden. Wer den Dichter lieb gewinnt in seiner edlen und reinen Dichternatur, gewöhnt sich allmälig an gewisse Sprachformen, die aus der Individualität des Charakters gleichsam organisch erwachsen. Unbefangen und bescheiden wird schon auf dem ersten Blatte dieses Büchleins das was wir hier als Sammlung und Auswahl darbieten, eine

— leicht geschlungene Liederkette
In Tages-Eil geborener Sonette

genannt. Wilhelms von Humboldt kritische Untersuchungen über den Versbau der Griechen; die Sorgfalt, die er auf seine metrischen Uebersetzungen des Agamemnon, des Chors der Eumeniden und der Pindarischen olympischen Oden verwandte: beweisen *) genugsam, daß er bei den zur Oeffentlichkeit bestimmten Dichtungen die Form keinesweges vernachlässigte. „Meine mühseligste, meine sauerste Arbeit in der Uebersetzung des Agamemnon," schrieb er an Wolf, „ist der Versbau." Die, in deutlichster Reinschrift hinterlassenen Sonette sind unverändert abgedruckt worden, wie es die Pietät gegen den Dichter erheischte.

Ich habe in dem Eingange zu diesem Vorworte zu entwickeln versucht, wie das lebhafte Interesse, welches die Briefe an eine Freundin, und die Sonette bisher selbst da erweckt haben, wo sie sehr heterogenen: philosophisch-historischen, linguistischen und politischen Arbeiten beigesellt waren; sich vorzugsweise auf die anziehende Kraft moralischer und psychologischer Motive gründe. Ein flüchtig geschriebenes Fragment aus dem noch unedirten Nachlaß

*) Vergl. die Gesammelten Werke Bd. I. S. 267 bis 269 (Recension von Wolf's zweiter Ausgabe der Odyssee); Bd. II. S. 304 (über den rhythmischen Periodenbau bei Gelegenheit der Uebersetzung Pindarischer Oden); Bd. III. S. 19—33 und S. 97 (über das Versmaaß in der Uebersetzung des Agamemnon, des Aeschylos und des Chors der Eumeniden); Bd. V. S. 8 und 91—93 (Briefe an Wolf).

meines Bruders, das erst seit wenigen Monaten in meine Hände gekommen ist, kann vielleicht auf ein gleiches Interesse Anspruch machen, da es in ernster Einfachheit und Würde den Ideen und Gefühlen eine ähnliche Färbung giebt. Es ist dasselbe vor dem Jahre 1824 niedergeschrieben. Um es der Oeffentlichkeit nicht zu entziehen und da die gesammelten Werke mit dem 7ten Bande geschlossen sind, lasse ich es hier folgen:

„Ueber das Verhältniß der Religion und der Poesie zu der sittlichen Bildung."

„Ein Mensch hat moralische Bildung, wenn die Sittlichkeit in ihm zur Gesinnung geworden ist.

„Die Grundquelle der Sittlichkeit ist nicht das Gefühl im Allgemeinen, das den Menschen sehr irre leiten könnte. Die Sittlichkeit besteht vielmehr in der freiwilligen Unterwerfung unter das Sittengesetz, und beruht also auf dem Grundsatz der Pflichtmäßigkeit.

„Gefühle und Grundsätze sind aber sehr verschieden von einander. Gefühle haben nur dann wirklichen moralischen Werth, wenn sie auf Grundsätzen beruhen, und in Empfindung übergegangene Grundsätze sind.

„Die Religion erhebt das Sittengesetz auf eine höhere Stufe, indem sie es als ein Gesetz Gottes zeigt; sie erleichtert zugleich dem Menschen die Befolgung desselben, da sie an die Stelle trockner und nackter Pflichtmäßigkeit die, jedem gutgearteten Menschen natürlichen Gefühle der kindlichen Ehrfurcht, Liebe, Dankbarkeit und Folgsamkeit gegen Gott setzt; und auf eine Fortdauer nach dem Tode hinweist, in welcher die Entsagungen, welche die Pflicht auferlegt, eine fernere, von allen irdischen Zufällen freie, und vollkommen gerechte Belohnung finden. Sie erhebt aber auch den Menschen in seinem ganzen Innern, da der religiös gestimmte Mensch fühlt, daß er ein Gegenstand der Liebe und Sorgfalt des Unendlichen ist; daß das irdische Leben, als der kleinste und unvollkommenste Theil seines Daseyns, mit allen seinen Gütern und Vorzügen nicht in Betrachtung kommt gegen die Reinheit der über dasselbe hinausgehenden Gesinnung; und daß ihm, soweit es die Schranken der Endlichkeit verstatten, eine Gemeinschaft mit dem Wesen eröffnet ist, welches Alles hervorgebracht hat und Alles erhält.

„Es ist demnach durchaus falsch, daß die Religion im Grunde nur Lehren aufstellt. Sie lebt und webt vielmehr in Gefühlen. Denn sie stellt Wahrheiten auf, die ihrer Natur nach, in jedem Menschen, der sich ihren Eindrücken offen erhält, zu Gefühlen werden; Wahrheiten, die nur aus dem natürlichen Gefühl entwickelt und entfaltet zu werden brauchen, damit die Ueberzeugung des Verstandes und die hinzutretende Erkenntniß das bloße Gefühl vor Unbestimmtheit und Unrichtigkeit bewahre.

„Die Religion ist also nicht nur das kräftigste Beförderungsmittel der Sittlichkeit, sondern Religion und Sittlichkeit, religiöse und moralische Bildung sind eigentlich Eins und Ebendasselbe. Ein wahrhaft religiöser Mensch ist schon eben dadurch auch ein sittlicher; und es wäre eine gewissermaßen unnütze Frage, ob ein sittlicher Mensch auch nothwendig ein religiöser seyn muß? da die wahre Sittlichkeit in ihren höchsten Principien eine solche Anerkennung von dem Verhältniß des Menschen zu dem, was über die Endlichkeit hinaus liegt, voraussetzt, daß sie selbst nothwendig Religion ist.

„Die Poesie steht zur Bildung des Menschen in einer zwiefachen Beziehung:

1) in einer der Form: indem sie Wahrheit und Lehre durch Einkleidung und rhythmischen Ausdruck der Einbildungskraft näher zu bringen sucht;

2) in einer des Inhalts: indem sie, überall das Erhabenste, Reinste und Schönste aufsuchend, im Menschen immer das Höchste und Geistigste seiner Natur anzueignen bemüht ist; und ihm beständig vor Augen hält, daß er den vorübergehenden Genuß der dauernden inneren Genugthuung, das Irdische dem Unendlichen

nachsetzen, und im Widerstreit der Neigungen und Pflichten Alles, durch Selbstbeherrschung und Erhebung über das Niedere und Gemeine, dem Adel und der Reinheit der Gesinnung opfern muß.

„Religion und Poesie stehen in gar keinem, am wenigsten in einem schroffen Gegensatz gegen einander.

„Denn beide arbeiten nicht nur gleichmäßig auf die Veredlung des Menschen hin, sondern die religiösen Wahrheiten sind alle der Art, daß sie gerade des höchsten dichterischen Ausdrucks fähig sind; und die Poesie kann gar keine hohe, oder tiefe seyn, wenn sie nicht immer in das Gebiet hinübergeht, in welchem auch die Religion weilt.

„Alle großen Trauerspiele des Alterthums und der neueren Zeit beruhen auf der Vorstellung der Abhängigkeit des endlichen Menschen von einer unendlichen Macht, und auf der Nothwendigkeit, das Endliche (Glück und Neigung) dem Ueberirdischen (Pflicht und Gesinnung) zum Opfer zu bringen.

„Aller Gottesdienst nimmt daher die Poesie, als etwas der Religion nahe Verwandtes, in sich auf.

„Die Poesie darf aber nur neben der Religion genannt werden, wenn sie die höchste, würdigste und reinste ist. Sie kann auch alles dies in minderem Grade seyn, und sogar einen entgegengesetzten Weg einschlagen; darum ist es zugleich unmöglich und unzulässig, Religion und Poesie mit einander vergleichen zu wollen, und noch mehr, die letztere als die moralische Bildung mehr befördernd zu betrachten.

„Wenn man von dem Einflusse der Poesie auf die moralische Bildung reden will, so ist davon auszugehen, daß, ehe auf eine würdige Weise die Poesie auf den Menschen einwirken kann, in ihm eine doppelte Grundlage vorhanden seyn muß:

„1) eine Grundlage der Gesinnung, die Anerkennung sittlicher Pflicht, und der Nothwendigkeit sich dieser zu unterwerfen; dazu religiöses Gefühl, Ueberzeugung von einem höchsten Wesen, Glaube und vertrauende Liebe, Zuversicht, daß mit dem irdischen Tode das wahre Daseyn des Menschen erst beginne. Alles das muß auf einem wahren, sicheren Grunde beruhen; darin muß gar keine Poesie seyn, weil es die Grundfesten der menschlichen Gesinnung sind.

„Wo diese Grundlage fehlt, kann keine Poesie wahrhaft moralisch wirken. Derjenige, in dem sie nicht ist, kann wohl augenblicklich von Macbeth's Lage ergriffen werden; aber das, was Shakespeare eigentlich hat wollen fühlen lassen, fühlt allein der, welcher unabhängig von aller Poesie, die Stimme des Gewissens im Busen trägt, und empfindet, wie furchtbar es sei zu tödten, wenn Gott das Gebot nicht zu tödten in das Herz des Menschen gelegt hat.

„Die Religion der Griechen war nicht poetischer als das Christenthum, sie war nur sinnlicher.

„Die Griechen haben eben nichts durch Vollkommenheit der moralischen Bildung geglänzt.

„2) eine Grundlage der Erkenntniß.

„Wer nicht über die wichtigsten Wahrheiten oft gründlich nachgedacht, wer nicht Kenntnisse im gehörigen Maaße gesammelt hat, der versteht den Dichter nur halb, und auf den übt die Poesie nur eine vorübergehende, leicht von ihm abgleitende Wirkung aus. Er meidet vielleicht das Rohe und Gemeine, aber es bleibt in ihm eine betrübende Leere.

„Die Poesie verführt wohl zu der Einbildung, daß man diese Grundlagen entbehren könne; aber dies ist nicht ihre Schuld, sondern die Schuld derer, die sie misverstehen. Shakespeare, Schiller und Göthe würden alle Leser zurückweisen, welchen es an jenen Grundlagen fehlt, oder die nicht wenigstens ernstliches Bemühen zeigen, sie sich zu verschaffen.

„Wo aber jene Grundlagen vorhanden sind, da beginnt der wohlthätige Einfluß der Poesie auf die moralische Bildung, ein Einfluß der nie zu hoch angeschlagen werden kann.

„Die Poesie wirkt darin zuerst wie die Sittenlehre und die Religion selbst; sie wirkt mit der Macht, die sie, gerade als Poesie, über den Menschen ausübt.

„Sie macht aber auch den ganzen Menschen für die moralische Bildung empfänglicher, indem sie ihn gewöhnt in Dingen, die ganz außerhalb des Gebietes der Sittenlehre und der Religion liegen, nur am Schönen, Edlen und Harmonischen Gefallen zu haben, und das Gegentheil überall von sich zu stoßen.“

Dieses Fragment über den Einfluß, welchen die Dichtung, in ähnlicher Weise wie die Religion, auf die moralische Bildung des Menschen auszuüben vermag, ist im Besitz eines theuren Freundes, des Prof. Ratzeburg (an der Königl. Forstakademie zu Neustadt-Eberswalde), eines talentvollen Naturforschers, der mehrere Jahre Erzieher von Hermann v. Humboldt, dem zweiten Sohne meines Bruders, war. In einem aus Albano an mich gerichteten Gedichte (September 1808) athmen dieselben Gefühle von reiner Sittlichkeit und unerschütterlicher Resignation:

— aus des Busens Tiefe strömt Gedeihn
Der festen Duldung und entschlossner That.
Nicht Schmerz ist Unglück, Glück nicht immer Freude;
Wer sein Geschick erfüllt, dem lächlen beide.

In den dichterischen Gestaltungen wie in den prosaischen Aufsätzen offenbart sich unablässig die Eigenheit und das wesentliche Gepräge eines großen, durch hohe Geistesgaben getragenen Charakters.

Berlin, im August, 1853.

Inhalt.

Sonette.

Wie Stimme aus dem Grabe wird erschallen
Bald diese leicht geschlungne Liederkette
In Tages-Eil geborener Sonette,
Verborgen den vor mir Entschlaf'nen allen.

Vielleicht geschieht's, daß freundliches Gefallen
Vom Untergange kleine Anzahl rette;
Sonst in des Zeitenstromes breitem Bette,
Ist ihr nätürlich Loos, schnell zu verhallen.

Sie schwebeten mir vor als leichte Bilder,
Und machten mir des Lebens Sorge milder,
Und mischten Ernst in seine nicht'ge Leere.

Wenn ich in Kurzem bin vorausgegangen,
Ich denen, die nach meinem Laut verlangen,
Dann in des Liedes Klange wiederkehre.

2

Erdenfreuden.

Da wo des Berges Gipfel sich erhebt,
Sah Blumen ich in heiterm Glanze stehen.
Ich wagte nicht zu ihnen hinzugehen,
Mir war die Stirn von düstrem Graun umwebt.

In bittersüßer Sehnsucht Glut erbebt
Die Seele mir, vor ihrer Düfte Wehen
Und holder lächeln sie von goldnen Höhen
Dem Herzen zu, das sich in Schmerz begräbt.

Da stieg ein holdes Kind zu mir hernieder,
Ein süßes Lächeln schwebt um seinen Mund
Und macht mir leis' die ernste Warnung kund:

„Brich jene schnell — sie blühen so nicht wieder, —
Eh' sie des Todes kalter Hauch berührt,
Und sie auf ewig Deinem Aug' entführt.“

Hulda.

Laß nicht mich Klostermauern dumpf umschließen!
Mein Fuß irrt gern auf des Gebirges Pfaden,
Wo mich die frei ergossnen Lüfte laden,
Die Sonne Tags, die Sterne Nachts zu grüßen;

Wo neue Leben stets dem Tod entsprießen,
Und wie an ehernen Geschickes Faden
Die Sterne ziehn, die Wolken sich entladen,
Die Thränen jeder Wehmuth süßer fließen,

Das Loos man aller Erdenwesen theilet,
Das durch die Pracht der höchsten Blüten-Fülle
Zum welk farblosen Untergange eilet,

Und trägt sein Schicksal in geweihter Stille.
Nie, Vater, will ich andre Sterne sehen,
Als die vor meinem Thal vorübergehen.

4

Licht und Dunkel.

Es sehnt der Mensch sich nach dem freudgen Lichte,
Wenn er mit glanzbestraltem Angesichte
Dem Kommen Helios entgegenschreitet,
Und auf die Pracht des Tages sich bereitet.

Doch wieder, daß er sich in Dunkel flüchte,
Ziehts ihn zur Nacht mit lastendem Gewichte,
Zur Nacht, in der die Brust sich still erweitet,
Und alles ruht, was an der Sonne streitet.

Doch wenn der Mensch sich nach dem Tode sehnet,
Was ist es, das ihm dann den Busen dehnet?
Ist es nach wechsellosem Licht Verlangen,

Ists Trieb, noch tiefres Dunkel zu umfangen?
Dann in des Erdenschoßes Grabesschatten
Sich Himmelslicht und Erdendunkel gatten.

Der Tod.

Den Geist mit heitern Bildern angefüllet,
Aus welchen mir des Lebens Glück gequollen,
Will ich dem Tod die letzten Stunden zollen,
Dem Grabe hold, das jedes Sehnen stillet.

Ich werd ihn sehen frei und unverhüllet,
Den in der Ewigkeiten ewgem Rollen
Stets gleichen und doch ewig wechselvollen,
Der Leben schließt, und aus dem Leben quillet.

Ich sterbend gern auf meine Jugend schaue.
Denn ich der Liebe heilger Kraft vertraue,
Die in der Blüte der Gefühle gründet,

Was Herz an Herz in heißem Glühen dränget,
Des Todes starre Bande sehnend sprenget,
Und überm Grabe suchend wiederfindet.

Saat Gottes.

Wenn üppig prangt der goldnen Ernte Segen,
Die Halme dichtgedränget, reif zum Mähen,
Sich hin und her in mächtgem Wogen legen,
Wenn über sie die Winde rauschend gehen;

Dem zu vergleichen nicht ist, was entgegen
Uns blühet aus der Dichtung heilgem Wehen.
Wie Gras und Blumen auf der Wiese stehen,
Die Lieder sind, die uns das Herz bewegen.

Sie wachsen nicht, von Menschenhand gesäet,
Sie nur des Himmels Sonnenblick erzeuget,
Und wenn sie auch der Zeiten Hauch verwehet,

Ihr Klang doch hoch empor zum Aether steiget.
So auch verbreiten in die weiten Lüfte
Die Wiesenblumen ihre würzgen Düfte.

Die Eiche.

Mit heilgem Schauer ist mein Herz umgossen,
Seh vor der Thür ich die bejahrte Eiche,
Als herrschte sie in des Gehöfts Bereiche,
Das starkes Thor mit Riegeln hält verschlossen.

Hier wird mir, was mir kann an Freuden sprossen,
Hier fühl ich auch des Schicksals bittre Streiche;
Hier bleib ich, bis ich einst im Tod erbleiche:
Schon Vielen hier des Lebens Tage flossen.

O rausche nicht so furchtbar mit den Zweigen,
Kehr' Abends ich. Mein Herz ist bang beklommen;
So oft schon hatt' ich dich zum ernsten Zeugen,

Dann meine starren Blicke auf dich sahen.
Drum scheu ich jetzt mich, deinem Stamm zu nahen,
Und muß vorbei doch, um ins Haus zu kommen.

Das stumme Ehepaar.

Die Kirche hat zusammen uns gegeben,
In Eintracht hin fließt unser Eheleben,
Durch Freud' und Schmerz mit gleichem Schritt wir eilen,
Und Seit' an Seite Tag und Nacht nur weilen.

Doch keinen Ton wir je der Brust entheben,
Kein Wort bezeichnet unser innres Streben;
Wie in Palästen stehn gekuppelt Säulen,
So stumm wir alles, nur nicht Rede, theilen.

Der Menschen Sprache ist aus uns verschwunden,
In ewgem Schweigen ist die Brust gebunden;
Dcch noch im Silberhaar mit stillen Blicken

Wir wechseln unsrer Liebe Wonnentzücken.
Wenn unsre starren Zungen nie auch sprechen:
Nichts kann der Herzen heilge Treue brechen.

9

Stella.

Wie einst Eurydice vom treuen Gatten
Gefolgt sich sahe in das Reich der Schatten,
Kann niemand mich getrennt von Stella schildern.
Auf Pfaden, die gesehn nie Fußtritt hatten,

Umher sie suchet nach der Vorzeit Bildern;
Und wie ich fühle meine Kraft ermatten,
Mein braunes Haar mir Staub und Schweiß verwildern,
Kann nichts den Eifer, ihr zu folgen, mildern.

Sie Zweck allein und Absicht kennt der Reise,
Und sinnig schlinget ihrer Wandrung Kreise.
Ich nur nach dienender Trabanten Weise,

Mich ohne Willkür blindlings um sie drehe,
Wohin sie mahnend winket, schweigend gehe,
Und Tage, starren Blickes, mit ihr stehe.

Die Insel.

An die mein Schicksal meine Liebe bindet,
Mit der sich einsam ab mein Leben windet
Im kleinen, meerumrauschten Insellande,
Das keinen Fremdling sieht am öden Strande:

Süß sind des heiligen Altares Bande,
Und führen glücklich bis zum Grabesrande,
Wenn Liebe flammend Herz an Herz entzündet,
Und jeder Tag des nächsten Glück verkündet.

Doch ernster auch des Schicksals Loose fallen,
Im Gleis' der Pflicht dann muß die Treue wallen.
Im Flutenbett auch ruhn nicht stets die Wogen,

Sie werden rasch vom Sturme fortgezogen,
Der wieder, was ihn tosend treibt, nicht kennet,
Und fremde Macht stolz seinen Willen nennet.

Die Ulme.

Im Walde fern bejahrte Ulme stehet,
Die oft mir ruft im Traum, ihr nah zu kommen.
Ich springe auf und laufe bang beklommen
Mit Schritten wie nur eilger Wandrer gehet.

Wann nahe dann ihr Rauschen mich umwehet
Werd' ich von dumpfem Schlaf gleich übernommen.
Doch ists nicht Schlaf, der kann dem Müden frommen:
Um Schreckensbilder schwerer Traum sich drehet.

Drum wenn den Fuß zum Heimgang ich bewege,
Ists als wenn Todtenmattheit auf mir läge,
Und lange noch im angstgepreßten Herzen

Fühl ich des Schlafs an Baumeswurzel Schmerzen.
Allein die Ulme sorglos grünt und blühet
Und wie es ihr gefällt, mich nach sich ziehet.

Dichtung.

Es giebt nichts tiefer Sinniges auf Erden,
Als Dichtung, die das Herz bewegt, erzeuget.
Man fühlet sie im Menschenbusen werden,
Und zu dem Ohr sie des Olympiers steiget.

Sie weilet bei dem Hirten stiller Heerden,
Sie theilt des Kriegers Fahrniß und Beschwerden,
Sie mild zu jedem Menschenloos sich neiget,
Und in der Brust nur des Verworfnen schweiget.

Sie fließt aus dunkler, unerspähter Quelle,
Und hebt sich zu des Aethers lichter Helle.
Man ahndet, daß sie Irdischem entstammet,

Und faßt nicht, wie sie her vom Himmel flammet,
Da sie so menschlich um die Brust sich schmieget,
Wie Mutterlied, das ein den Säugling wieget.

Der Schatten.

Nicht Finsterniß, nicht Nacht, nicht Tod ist Schatten,
Der Schatten kann nur mit dem Licht sich gatten,
Und in des Lichtes reinestem Entfalten
Die schärfste Gränze auch die Schatten halten.

Sie zeichnen alle irdische Gestalten,
Und bleichen mit des Tagsgestirns Ermatten.
Wo Sonn' und Mond ihr lichtes Reich erst hatten,
Die nächtgen Schwingen schattenlos nun walten.

Und wenn der Mensch nicht lebet mehr auf Erden,
Fühlt er, was Licht hier ist, zu Schatten werden
Von Licht, das nicht kann durch die nebelfeuchten

Gefilde dieser dunklen Erde leuchten.
Am Erdenschatten sichre Ahndung siehet
Das reine Licht, das jenseits stralend glühet.

Die Reue.

Ich spielte eine Frau von sanften Sitten,
Die ihren Mann wollt' um Vergebung bitten,
Weil heftig Wort ihr war im Zorn entfahren;
Sie lebten gut und glücklich schon seit Jahren.

Da konnt ich selbst mir nicht den Vorwurf sparen:
Dein armer Mann hat oft wohl mehr gelitten.
Noch heut den Grund herziehend bei den Haaren
Hab' ich auf Tod und Leben mich gestritten.

Und Reue tief im wunden Herzen spürend,
Bat ich den Mann als ich nach Haus kam rührend,
Daß er verzeihn mir meine Unart möge,

Und wenn sie jemahls wieder mich anflöge,
Er an die Rolle mich, die reuevolle,
Mit ernster Strenge nur erinnern solle.

Die Wahrheit.

Ich wieder Lacharis heut' Abend spielte,
Und recht so mit dem wackren Weibe fühlte;
In großer Sorgen Drang, in schlimmer Stunde
Sprach sie, was Wahrheit sei, mit Göttermunde.

Man sah, das wars, was ihr im Busen wühlte,
Und was, wie vor es quoll, ihn lindernd kühlte.
Von mir, die kaum weiß, ob sie je gesunde,
Forscht Weisheit ihr: Wohlan, verehmt die Kunde!

Die Wahrheit, da war ihre Brust gehoben,
Wohnt hier im Herzen und im Himmel droben.
Die Wahrheit des Gerichts ist, daß sie Zeichen,

Was ihnen Wahrheit gelten soll, erfinden,
Und Lug und Trug, wenn sie den Zeichen gleichen,
Als reine Götterwahrheit laut verkünden.

Der Uebergang.

Wenn in der Scene, wo am Meer ich stehe,
Mir zuruft der Tyran: für deine Sünden
Sollst, Lacharis, den Tod im Meer du finden!
Und ich zu ihm mich hin gelassen drehe,

Und sprech', indem ich milde auf ihn sehe:
Vom Erdenleben wird es mich entbinden,
Doch Flamme höhern Lebens mir entzünden,
Da rein von Schuld ich zu den Schatten gehe!

Ists mir als ständ' ich nicht mehr auf den Brettern
Und schaute wirklich nieder zu den Rettern,
Die mir die feuchten Arme liebend strecken,

Zu tragen mich in freundlichem Umhüllen,
Wo mich der Götter Seligkeiten wecken,
Die jeder Erdensehnsucht Ringen stillen.

Tivoli.

Zwei sonnigwarme, felsge Hügel stehen
In Tiburs Flur, nah' an Gennaros Rücken.
Bestralt vom Abendroth die zu erblicken,
Fast alle Tage ich und Stella gehen.

Sie bleibt, bis vor der nächtgen Kühle Wehen
Des Tags-Gestirnes letzte Stralen zücken
Und ihre Züge stille Ruh' ausdrücken,
Wenn wir nach Hause uns dem Ort zu drehen.

Ihr Ernst dann schwebt an jene milde Strenge,
Die auf der Stirn der Götterbilder lieget,
Und jede harte Leidenschaft besieget.

So mächtig dieser Ausdruck an sich ziehet,
Daß mich die ganze Nacht der Schlummer fliehet,
Und ich allein an der Erinnrung hänge.

Amor im Wagen.

Im Vatikan, wo des Urbiners Hände
Verzierten sinnig des Gemaches Wände,
Sieht man zwei Nymphen angestrengt sich mühen,
Amorn im Wagen vorgebeugt zu ziehen. —

Ich ins Geschirr nicht zarte Mädchen bände,
Zu Fuß eh' ging, als so im Wagen stände:
Doch Freud' und Lust ihm aus den Augen sprühen
Bei ihrer Rosennacken Purpurglühen. —

Mag immer er uns spannen vor den Wagen,
Wir wollen schon die leichte Müh' ertragen,
Und gern, schont er mit tiefrer Wunden Qualen,

Ihm den Tribut mit diesem Spiele zahlen,
Wenn wir nur bleiben von ihm abgewendet,
Und nicht ins Herz er seinen Pfeil uns sendet.

Richard.

Ich führe wohl ein mühvoll saures Leben,
Von sonnenheller Freude nie beschienen,
Und bittre Sorgen oft mich Nachts umschweben,
Das Brot mit den sechs Söhnen zu verdienen.

Doch meines Fleißes unermüdlich Streben
Läßt meine kleine Wirthschaft blühn und grünen,
Und wenn auch Kummer mir die Sorgen geben,
Ruht doch Zufriedenheit auf meinen Mienen.

Des Glückes Pfad nach außen geht von innen,
Nicht umgekehrt von außen nach dem Herzen:
Drum kann der Mensch auch mit des Lebens Schmerzen,

Wie Zauberweib mit zahmen Nattern, scherzen
Und Ruhe auch im Schicksalsdrang gewinnen,
Wie Seidenwürmer in ihr Grab sich spinnen.

Die Mittelwesen.

Zwei Wesen sinds in allen Weltallszonen,
Die aus der Brust der Freiheit Odem ziehen:
Die Götter, die hoch im Olympus thronen,
Die Menschen, die ein irdisch Dach bewohnen.

Uns, die der Sonne Stralen frei umglühen,
Die wir in Fluth und Waldesdickicht fliehen,
Najaden, Nymphen, Satyrn und Tritonen,
Der Freiheit Lust und Würde niemals blühen.

Als Götter zwar mit Opfern und Altären
Die Sterblichen in blindem Wahn uns ehren;
Allein der todten Elemente Kräften,

Woran die Himmlischen uns dienstbar heften,
Gehorchend wir ein knechtisch Leben führen,
Nur Mittelwesen zwischen Mensch und Thieren.

Der Blitzableiter.

Der Blitz, der aus des Himmels Wolke zücket,
Läßt sich, eh' er Verderben kann bereiten,
An Orte hin, wo nicht er schadet, leiten
Und Haus und Hof sind der Gefahr entrücket.

Auch wenn die Brust Verdruß und Unmuth drücket,
Und widerwärtige Gefühle streiten,
Kann sie entladen sich nach andren Seiten,
Und was in ihr hell flammte, ruht erstickt.

Ob nun der Mensch ist solcher, der muß dulden,
Daß, ohne alles eigene Verschulden,
Sich fremder Unmuth dreist an ihm entlade, —

Ob er vielmehr nach seiner Laune Willen,
Den eignen Unmuth kann an Andren stillen?
Hängt von des Schicksals Ungunst ab, und Gnade.

Die Doppelwesen.

Kennst du wohl, Stella, jene alte Sage,
Die hold durchwaltete der Vorzeit Tage,
Daß, die fest liebend an einander hingen,
Als Doppelwesen durch das Leben gingen?

So dir zu sein mit jedem Herzensschlage,
Ich das Gefühl im tiefen Busen trage.
Zwei Wesen engre Bande nie umschlingen,
Als mich dir, mir dich, Hohe, nahe bringen.

Man sagt wohl sonst, um Nähe anzuzeigen,
Daß eins der Schatten ewig sei des andern.
Doch wir viel enger uns zusammen fügen;

Denn wir von früh bis zu der Sonne Neigen,
Wenn einsam wir durch Roms Gefilde wandern,
Mit Einem Schatten beide uns begnügen.

Hulda.

Die Sterne, die nah dem Zenithe prangen,
Besuchen mich in meinem engen Thale,
Wo, daß dem Schicksal meinen Zoll ich zahle,
Mich meine Wahl hält bis zum Tod gefangen.

Die niedrigen, die nicht so hoch gelangen,
Begrüßen niemals mich mit ihrem Strale,
Und schaun vom weitgespannten Himmelssaale
Nicht meine bleichen, thränbenetzten Wangen.

In tief empfundner Demuth nie ich klage:
Dasselbe Loos ich mit den Sternen trage,
Wenn sie sich leuchtend auch im Aether baden,

Kein Wille sie aus ihrem Gleise brächte,
Und ewig drehet um Bootes Rechte
Arktur sich, wie an goldgewirktem Faden.

Einheit und Sehnsucht.

Die nur der Menschheit Wesen ganz verstehen,
Die fühlen Einen Hauch in zweien wehen.
Für die nicht Sinn hat theilen, noch verbinden,
Weil wirklich einzig Eins sie sich empfinden.

In ewger Sehnsucht sie durchs Leben gehen,
Und nie gestillt das tiefe Sehnen finden,
Wie sich zwei Flammen zu einander drehen,
Und angezogen heftger sich entzünden.

Das ist der große Schmerz im Erdenleben,
Schon eingepflanzt des Daseins ersten Keimen;
Wird nun vielleicht einst in des Himmels Räumen

Sich dieser Scheidung Nebelschleier heben?
Wer kanns verbürgen? doch der Sehnsucht Zähren
Auch überm Grabe werden ewig währen.

Des Alters Gewinn.

Im Alter nun von hohen funfzig Jahren
Hab' ich im langen Leben Viel erfahren.
Was mir nicht an der Wiege ward gesungen,
Hat mir in schwerer Lebensmüh geklungen.

Doch rüstge Kraft die Glieder noch bewahren,
Und in den dicken, dunkelbraunen Haaren
Sind wenig graue nur, erst eingedrungen,
Wenn mit zu saurer Arbeit ich gerungen.

Allein was sind auch bittrer Tage Leiden?
Ein starkes Herz sie kräftig überwindet,
Und bei des Lebens ruhumquollnem Scheiden

An sie die leiseste Erinnrung schwindet.
Der Schmerz an höhren Ernst die Seele bindet,
Und mit sich fort die Zeit reißt Leid und Freuden.

Morgengruß der Geliebten.

So wie ich Morgens auf die Augen schlage,
Die vielgeliebten Züge sie erblicken,
Die mir mit stillempfundenem Entzücken
Umkränzten einst des Lebens goldne Tage.

Der Mensch weiß nicht, was mit dem letzten Schlage
Des Herzens das Geschick ihm kann entrücken.
Der Tod geht um ihn her, wie dunkle Sage,
Die tausend Lebensklänge dumpf ersticken.

Wie anders sich erschloß des Morgens Pforte,
Als mir noch tönten ihrer Stimme Worte,
Als sie mit leisen, heißersehnten Tritten

In meine Kammer liebend kam geschritten!
O dieser Paradiesestage Wonnen,
Wie sind sie alle nun in nichts zerronnen!

Stella.

Ich liebe mit den Dingen nicht zu spielen,
Mein Geist sie gern in strengem Ernst erwäget,
Und wovon eins den Namen an sich träget,
Davon muß es die Sache wahr auch fühlen.

Nur Thorheit ists, wenn Mittel man anleget,
Die Früchte vollgezählt nicht zu erzielen.
Was andren immer mag die Brust durchwühlen,
Mein Herz, von Vorwurf frei, in Ruhe schläget.

Die Zeit mit ihrem anfangslosen Ringe
Reißt mit sich fort das Wesen aller Dinge;
Vergessenheit vertilgt mit feuchtem Schwamme,

In Asche sinkt des Feuers hohe Flamme:
Nur Eins bleibt fest, des ruhgen Ernstes Gehen
Durch aller Nichtigkeiten Wirbeldrehen.

Satz.

Mein Dasein ist verwebt im Firmamente;
Denn wie im reinen Aetherelemente
Sich die Gestirne Nacht und Tag bewegen,
Und nie der Erdenschwäche Ruhe pflegen,

So ihrem Auf- und Untergang entgegen
Sich ewig meine stillen Schritte regen.
Wer einen einzgen Tag mir Ruhe gönnte,
Vom Gehn und Stehen, mich vom Leben trennte.

Das macht daß die, der ich mit Leib und Seele
Seit Jahresrollen bin anheim gefallen,
Nach der ich Schritte und Minuten zähle,

In ihrem heimathfremden Pilgerwallen
Betrachtend nur dem Hohen angehöret,
Das nichts im ewig gleichen Gange störet.

Gegensatz.

Wir uns nur aus für Erdgeschöpfe geben,
Uns Land und Ackerscholle an sich binden,
Und wenn die Augen wir zum Himmel heben,
Dort oben wir nur fremde Oede finden.

Wir theilen treu des Fruchtfelds Wechselleben,
Wie wandelnd es die Monde uns verkünden,
Und unsrer starkgeregten Arme Streben
Läßt keine Jahrszeit ungenutzt entschwinden.

Dann wann der Tod die starren Glieder strecket,
Die Erde wieder freundlich sie bedecket,
Und aus dem Schoß die goldnen Halme schießet,

Der uns mit Grabesruhe still umschließet,
Und über neu erwachsene Geschlechte
Das Leben übt die angebornen Rechte.

Andromeda.

Die Weiber oft im Leben Fesseln tragen,
Die keines Menschen Auge spähend siehet,
Ihr Fuß durch dornenvolle Bahn sich mühet,
Doch aus der Brust entflieht kein leises Klagen.

Zum Lohn des also in des Lebens Tagen
Geübten Strahlenruhm vom Himmel sprühet;
Andromeda in Fesseln hart geschlagen
Ein Sinnbild dieser Tugend funkelnd glühet.

Wenn nun der Blick der stillen Dulderinnen
Sich zu dem nächtgen Aetherschatten hebet,
Das Sternenweib ein leuchtend Trostbild schwebet,

Und sanfter aller Schmerzen Thränen rinnen.
Denn was auf Erden unsanft wird verletzet,
Des Himmels Mild' in lichte Höh' versetzet.

Der Himmelswagen.

Wir, die dem Pole nah' hoch nördlich wohnen,
Den Himmelswagen uns befreundet nennen,
Weil unsre Blicke nie sich von ihm trennen,
Ihn jeder Abend sieht hell leuchtend thronen.

Denn auch in jenen maßlos fernen Zonen,
Wo Myriaden Welten strahlend brennen,
Wir fern und näher uns verwandte kennen,
Die, freudger grüßend, unser Wachen lohnen.

Die sieben Sterne so in jenen Tagen,
Wo Sehnsucht mir den süßen Schlummer raubte,
Ich an des Himmels Steile oft sah ragen.

So fern damals mein einzig Glück ich glaubte,
Und war um Monde nur davon geschieden!
Jetzt such' und find' ichs niemals mehr hienieden.

Die Dryas.

Die, in des Baumes grünumlaubten Zweigen
Still wohnend, Knospen draus und Blüthen sprießet
Die Dryas auch, wenn sie zum Tod sich neigen,
Die reine Seele in den Aether gießet.

Die dürren Aeste und der Wipfel Schweigen,
Wo frohes Säuseln nicht den Tag mehr grüßet,
Im dichten Wald sind wehmuthsvolle Zeugen,
Wie Treue sich an den Geliebten schließet.

Sie stirbt mit dem, mit dem sie hat gelebet,
Und übend ihres Götterdaseins Rechte,
Mit seinem auch ihr letzter Hauch entschwebet.

So wird es nicht dem menschlichen Geschlechte.
Der Tod die Liebe trennt, und dunkle Sage
Nur tröstend spricht vom Wiedersehenstage.

Die Schauspielerin.

Der Bühne Bretter sind mein wahres Leben,
Das eigentliche hab ich aufgegeben,
Und den Geliebten nur ans Herz ich drücke,
Den mir der Tag zuführt in jedem Stücke.

Doch dies der nackten Wirklichkeit Entheben
Ist nur ein reiner ahndend Wahrheitsstreben;
Denn vor des Dichters gottbeseeltem Blicke
Füllt im Geschick und Brust sich jede Lücke.

Die Dichtung hin durch meine Lebenstage
Wie reich gewirkten Gürtel zaubrisch schlinget,
Und was in Menschenloose Wahrheit bringet,

Vor mir verklingt, wie alt verschollne Sage.
Der Tod erst beide Göttinnen vereinet;
Zur Wahrheit wird, was irdisch Dichtung scheinet.

Die Stummheit.

Als ich zuerst von Stummheit ward befangen,
Erbleichten schreckergriffen meine Wangen,
Und heißer Thränenstrom sie bang bethaute
Vor Sehnsucht nach dem süßen Menschenlaute.

Jetzt, da mir längst nicht meine Worte klangen,
Ist ausgestorben in mir das Verlangen,
Und eine innre Welt ich still mir baute
Aus dem, was sonst den Lippen ich vertraute.

Euch, die ihr auch mit hochgewölbten Zweigen
Dasteht, wie mir, in nie gelöstem Schweigen,
Den innren Drang die Rinde rauh verschließet;

Verwandte W:sen in des Waldes Räumen
Mir suchend, red' ich stumm so zu den Bäumen,
Wenn sie mein Fuß, vorübereilend, grüßet.

Stimmung im Schmerz.

Ich fasse schwer nicht auf des Lebens Schmerzen,
Weiß sie mit kräftgem Muthe zu bezähmen,
Gestatte nicht, daß sie den Schlaf mir nehmen,
Noch meiner Seele heitren Himmel schwärzen.

Doch auch zu gehen mit leichtsinngem Scherzen
Durchs Leben tändelnd, würde ich mich schämen;
In Leid und Mühe still mich zu bequemen
Gewinn' ich ab dem oft geprüften Herzen.

Drum wenn auch bittren Gram der Busen fühlet,
Doch oft mir Lächeln um die Lippen spielet,
Und wenn ich Abends mich aufs Kissen lege,

So schließ' ich unbesorgt die Augenlieder,
Und nur des Menschenschicksals Gang erwäge
Daß stets auf Leid folgt Ruh und Stille wieder.

Die Tigerin.

Die Tigerin ist aller Thiere Schrecken.
Wenn ihre Spur sie sehn, vor Graun sie beben,
Im Dickicht, wenn empor den Blick sie heben,
Der Augen mörd'risch Funkeln zu entdecken.

Sie aber im naturgemäßen Streben
Fährt fort, die Klaue nach dem Raub zu strecken,
Wie Qual ihn mag und Todesangst umschweben,
Und gähnend satt die Lefzen stolz zu lecken.

In ihre sichre Brust kein Mitleid dringet,
Mit froher Lust sie auf die Beute springet;
Und sieht man buntgefleckt, mit schlanken Seiten

Sie königlich den finstren Wald durchschreiten,
So kann man nicht ihr Herrscherrecht bestreiten,
Daß sie das Niedre sich zum Opfer bringet.

Der Ritter.

Der Ritter jede Tugend an sich träget,
Die reiner Wandel soll im Leben üben.
Fromm, keusch, mit immer streng gedämpften Trieben
Sein Herz in Redlichkeit und Treue schläget;

Gewissenhaft Gerechtigkeit er pfleget,
Und fehlt in nichts, was Christen vorgeschrieben.
Nur Eines kennt er nicht: er kann nicht lieben,
Und um sein Herz nie Milde sanft sich leget.

Drum doch von Christenthum die äußre Schaale
Nur ist in ihm, und nie ist er gedrungen
In seinen Geist der, fern vom Erdenthale,

Sich nach des Himmels stillen Freuden sehnet,
Und in Gefühl, das heiß den Busen dehnet,
Die ganze Menschheit liebend hält umschlungen.

Die Natur.

Die man die Mutter aller Dinge nennet,
Die ewige Natur, der Frucht und Blüte
Entsprießen, die als Urquell aller Güte
Der Mensch anfleht, — sie Mitleid niemals kennet.

Im harten, unerbittlichen Gemüthe
Sie, was sich liebt, unwiderruflich trennet,
Und statt daß sie des Menschen Werk behüte,
Nur niederschmettert, überschwemmt, verbrennet.

Die weise hält die Erde eingepresset,
Die wilden Kräfte, stürmisch los sie lässet,
Geschlechter nach Geschlechtern grausam schlachtet,

Und Menschennoth und Menschenschmerz nicht achtet,
Zufrieden, wenn aus Kräften Kräfte streben,
Und durcheinander wimmeln Tod und Leben.

Licht und Dunkel.

Wenn ich den Forst im Abendstral verlasse,
Seh' ich die Burg, wie rothe Flammen, liegen;
Wenn ich den Schneckenweg des Bergs erstiegen,
Ruht tief in Nacht des Waldes finstre Masse.

So aus einander Licht und Dunkel fliegen,
Und zeigen, daß eins nicht zum andren passe;
Doch sind sie drum nicht in feindselgem Hasse,
Und keines kann das andere besiegen.

Aus Nacht und Tag webt sich das Erdenleben,
Und Tod und Leben auch in Eins sich schlinget,
Und in der Tage Wechsel Licht und Schatten

Sich ewig im bewegten Busen gatten,
Im Frieden nur, der Weiber Herz durchdringet,
Sich alle Gegensätze rein aufheben.

Die beiden Naturen.

Wenn ich am Abend aus dem Forste kehre
Auf müdgejagtem, schweißbedecktem Pferde,
Weil' ich nicht müßig, ruhend hier am Heerde;
Denn tiefes Sinnen füllt der Stunden Leere.

Daß sich der Kraft Gefühl im Menschen mehre,
Und fähig er zum großen Werke werde,
Was er errichten soll auf dieser Erde,
Muß in das Herz er fassen Eine Lehre.

Es giebt zwei weit geschiedene Naturen,
Von beiden trägt die Menschenbrust die Spuren:
Die eine fordert Stärke, Glut und Fülle,

Die andre spinnt sich ein in enge Stille;
Und beid' in sich muß treu Geschöpf verschmelzen,
Des Tages Last in Frieden fortzuwälzen.

Die Cypressenallee.

Hochragende, nachtfinstere Cypressen,
Die ihr mich zwischen euch habt oft gelitten,
Laßt eure Länge mich auch heut durchmessen
Mit langsam zögernd unverrückten Schritten.

Wohl Seufzer den beklommnen Busen pressen;
Es fruchtet nicht, vom Himmel Huld erbitten,
Im Herzen habe Muth ich mir erstritten,
Was bringt die Stunde, macht der Tag vergessen.

Unwiderstehlich hat michs hergezogen.
Wohl fassen mich an eurer Schwelle Schauer,
Und eurer schwarzen Nadeln tiefe Trauer

Hat mich, wie dichter Schatten, überflogen.
Doch werde ich zu euren beiden Enden,
So oft michs mahnt, die Schritte muthvoll senden.

Des Alters Gewinn.

Ich stürmte sonst durch Fluren und Gefilde,
Wenn laut die Jagd nachspürte scheuem Wilde,
Und sah den Mond oft durch das Dickicht leuchten,
Eh' kehrend wir des Daches Schutz erreichten.

Jetzt sind mir dies nur Phantasiegebilde;
Gleich ist mir Winters Strenge, Sommers Milde.
Die Jahre meiner Haare Flechten bleichten,
Nun Thau und Regen sie nicht mehr befeuchten.

In dunklen Mauern langsam schwer ich kreise
Hin meines Lebens bunt geschlungne Gleise,
Und bis mich kühlend einschließt Grabesruhe,

Zufrieden ich mein stummes Tagwerk thue.
Am Abend seiner Tage eng sich betten,
Nenn' innre Freiheit ich, nicht äußre Ketten.

Die Brahmin und das Sudra-Weib.

Enthebe dich, unreine Menschheit-Schande!
Wie kannst du Wasser hier zu schöpfen wagen,
Da du mich Reine siehst am Ganges-Strande?
Die Brahmin sprichts, die Sudra hörts mit Zagen. —

O weh, du hast mir mein Gefäß zerschlagen. —
Barfüßige mit schmutzigem Gewande,
Recht dir geschiehts; nicht in unheilge Bande
Gefaßt, muß heilig Wasser man enttragen. —

Die Brahmin schöpft, doch sie das Wasser fliehet;
Dem Sudraweib zum festen Ball sichs rollet,
Und still geht sie zu ihrer niedren Hütte.

Dem Stolz die Brahmin schwere Buße zollet;
Mit abgeschornem Haar durchs Land sie ziehet,
Vom Mann verstoßen nach Brahmanen Sitte.

44

Aus Nacht zum Licht.

Es giebt im Busen ein geheimes Sehnen,
Das nur die tiefsten der Gemüther kennen,
Das keine Sprache je vermag zu nennen,
Bei dem man fühlt das Herz sich schmerzlich dehnen.

Doch ists kein eitel eingebildet Wähnen,
Denn plötzlich sich von ihm Gedanken trennen,
Die durch die Nacht, wie Sterne, funkelnd brennen,
Und hier entstammt, sich an den Ewgen lehnen.

Das ist des Geistes Sein, das unverstanden
Gefangen gehet in der Menschheit Banden,
Das, wie die Frucht, vom Mutterschoß bedecket,

Sich in dem engen Kerker regt und recket,
Und sich befreit, gelangt ans Licht, erst fühlet,
Wenn alles Irdische die Erde kühlet.

Die Nymphe.

Nach Wasser geht sie zu des Pindus Quelle;
Hoch auf der Schulter das Gefäß sie träget,
Und um den Fuß das Kleid behutsam leget,
Daß nicht benetzt es werde von der Welle.

Bestralt von wolkenlosen Tages Helle,
Der Bergbewohner Staunen sie erreget,
Wie selbst sich unbewußt sie Sorgfalt heget,
Daß dem Geschäft sie Schönheitsreiz geselle.

Wie in des Mädchens einfachem Gemüthe,
Der gleiche Trieb in der Natur auch lebet.
Was wild in ihren Kräften gährt und webet,

Umkleidet sie mit milder Schönheit Blüte.
Vulkane brennen, Berge stürzen nieder,
Und Anmuth lacht aus dem Ruine wieder.

Opfer der Tyrannei.

Dein treues Weib der Schande zu entziehen,
Tauchst du in ihre Brust dein mordend Eisen,
Und da sie fühlt das Leben scheidend fliehen,
Die stillen Züge noch dich segnend preisen.

Befangen in der Knechtschaft engen Gleisen
War keine andre Freiheit euch verliehen,
Als in der Lüfte öden, wüsten Kreisen
Zu suchen Ruhe von der Erde Mühen.

Der Mensch den Menschen hart in Ketten schläget,
So Herrschaft auf mit Sclavenelend wäget;
In tausend Formen lehrt es die Geschichte.

Denn wenn auch Menschlichkeit oft rügend waltet,
Tönt Knechtschaftsklage, ewig neu gestaltet,
Doch wieder vor des Ewgen Strafgerichte.

Juno Ludovisi.

Du lebtest nie, hast nie dich aufgeschwungen
Zum Göttersitz, bist niemals ihm entstiegen;
Im Marmor ewig deine Lippen schwiegen,
Aus Künstlers Phantasie bist du entsprungen.

Doch hast du eignes Wesen dir errungen,
Das ruht in deinen stillen Götterzügen,
Und keine Macht der Zeit kann es besiegen,
Da tief es ist in Menschenbrust gedrungen.

So alle Ewigkeiten zu durchwalten,
Daß in der Schattenmenge Traumgewirre
Er nicht, ein Bruchstück nur des Haufens, irre,

Kann auch der Mensch zu Eignem sich gestalten.
Dem Erdenstoff ein Funken nur entsprühet,
Die eigne Bahn er dann selbst leuchtend ziehet.

Die lebenden Bildsäulen.

Ihr seid so nah, und dürft nicht ganz euch nahen,
Ihr liebet euch, und könnt euch nicht umfahen;
In Menschenbusen Menschenherzen schlagen,
Und eure Lippen kaum zu athmen wagen.

Von allen Wundern, welche je geschahen,
Nie Menschenaugen himmlischere sahen;
Bei Göttern Götter marmorartig ragen
Auf Fußgestellen, die sie luftig tragen.

Des Künstlers Meißel Leben giebet Steinen,
Hier wird in Stein das Leben umgeschaffen,
Und unbewegt sich alle Glieder straffen.

Nie Phantasie und Wirklichkeit sich einen;
Die gleiche Sehnsucht beide sie verzehret,
Und eines stets das andere entbehret.

Vorgefühl und Muth.

Der Mensch sieht wohl sich seinen Himmel schwärzen,
Trägt in sich Vorgefühl unselger Schmerzen,
Weiß deutlich anzugeben Tag und Stunde,
Die schlagen werden ihm die bittre Wunde.

Allein mit ruhigem und festem Herzen,
Als könnt' er auch mit Wehgeschicke scherzen,
Begegnet er der unheilschwangren Kunde,
Anordnend selbst mit unerschrocknem Munde.

Er weiß daß, führt es auch durch Schmerzgefilde,
Das Schicksal dennoch ist von tiefer Milde,
Und wenn auch Grausamkeit und Härte schalten,

Weiß er den Muth des Busens zu erhalten,
Des Lebens Tage nicht nach Freuden zählet,
Allein den Sinn mit Stärke waffnend stählet.

Die steinernen Zeugen.

Von Vielem würden diese Säulenhallen,
Wenn ihnen Menschenrede würde, zeugen,
Doch seit Jahrtausenden sie ehern schweigen,
Und Menschenstimmen spurlos dumpf verhallen.

Sind Seufzer hier beklommner Brust entfallen,
Vernahm man froher Jubeltöne Schallen:
Sind beide der Vergangenheit jetzt eigen,
Und nie hervor aus ihrem Schooße steigen.

Es währet nichts, als was gefühllos starret,
Die Wesen, welche Schmerz und Lust empfinden,
Vermögen nicht den Augenblick zu binden;

Umsonst auf Ewigkeit ihr Sehnen harret.
Erst aus der Hand der finstren Schattenmächte,
Erwächset sie dem sterblichen Geschlechte.

Kalter Trost.

Ich denke wohl bei mir: es ist natürlich,
Daß nicht im Leben Alles geht so eben,
Daß manchmal Sturm und Klippe sich erheben;
Allein wenns kommt, so traur' ich unwillkürlich.

Dann sag ich mir: doch Schein nur und figürlich
Ist Vieles, dem wir falsch Bedeutung geben,
Und suche so mir ein Gespinnst zu weben
Von Scheintrostgründen deutlich und ausführlich.

Allein des Busens still gefühlte Schmerzen,
Die unbesänftigt glühn im tiefsten Herzen,
Dies kalte Denken nicht in Schlummer wieget.

In ihnen nur des Daseins Wahrheit lieget,
Und des Verstandes blendend Gaukelscherzen
Das wahr und rein Empfundne nicht betrüget.

Der Traum.

Man klagt, daß reizerfüllte Traumgestalten
Sich beim Erwachen lassen fest nicht halten,
Daß sie den Sinnen wesenlos entfliehen,
Wie Nebelstreifen durchs Gebirge ziehen.

Allein sie haften in des Herzens Falten,
Und die Empfindung läßt sie nicht erkalten;
Auch in dem Reich der Phantasie sie glühen,
Und leuchtend der Erinn'rung Funken sprühen.

Als Kind sah ich ein lieblich Haupt mir nicken,
Aus hohem Fenster huldreich auf mich blicken.
War es das Bild, das ewig mit mir lebet,

Hat es im Traum mir ahndend vorgeschwebet,
Wie sich der Sonne Stralenscheibe zeiget,
Eh' selbst durch Morgenthor empor sie steiget?

Die Phantasiegestalten.

Ihr blütenduftgen Phantasiegestalten,
Die mich seit meiner Kindheit zartem Streben
Begleiteten durchs reichbegabte Leben,
Habt stets in heitrer Höhe mich erhalten.

Wenn ich umlagert war von Schmerzgewalten,
Hab' ich die Prüfung schwer euch aufgegeben,
Ob ihr auch dann mich könntet schützend heben,
Und heilvoll stets erprobt' ich euer Walten.

Nur euch erwart' ich in des Todes Stunde,
Wann aus des Geistes letzter Funke glimmet;
Ob ihr mir treulos werdet dann entweichen,

Wie Bilder, zögernd sich entfernend, bleichen, —
Ob, treu dem unter uns geschlossnen Bunde,
Mich halten götterselig noch gestimmet?

Des Lebens Ausgang.

Mir hingestorben sind des Lebens Freuden,
Nur Sehnsucht es in meinen Busen gießet,
Die wundervoll im tiefen Kelch umschließet
Erinnrungslust und gegenwärtges Leiden.

Trennt sich vielleicht des Menschen Brust von beiden,
Wenn hin der Rest der flüchtgen Tage fließet?
Er kennt den Morgen nicht der dann ihn grüßet,
Sein Erdenziel ist auch sein Erdenscheiden.

Wenn los die Bande sich des Körpers winden,
Mag auch die irdische Erinnrung schwinden,
Der Geist mit neuen Schwingen aufwärts fliegen.

Allein der Wesen Wahrheit doch muß siegen,
Es kann nicht heilge Liebe täuschend lügen,
Was Eins ist, muß als Eins sich wieder finden.

Das schönste Lebensglück.

Das schönste Lebensglück lag vor mir heute
In meiner Jugend goldumwebten Tagen.
Ich nahm es kühn, doch nahm ich es mit Zagen;
Zu glücklich wars, zu gehn an ihrer Seite.

Mit meiner Seligkeit war nichts im Streite,
Ich wurde sanft durch ihre Huld getragen;
Von größrem Glück kein Sterblicher kann sagen,
Als womit sie mich jeden Tag erfreute.

Nun sind gefallen diese Blüten alle,
Und einsam meinen öden Pfad ich walle.
Es kehrt der Tag, doch ohne Freudenfülle,

Ich feir' ihn düster in Erinnrungsstille.
Kein dunkel überm Grab verheißnes Leben
Kann gleiche Seligkeit mir wiedergeben.

Leben im Lebenlosen.

Nie Berg und Thäler Lust noch Weh empfinden,
Sind Schauplatz nur, wo sich Empfindung reget,
Die in des Herzens Pulsen klopfend schläget;
Denn Mitgefühl kann niemals sie entzünden.

Was uns der Vorzeit Stimmen fern verkünden,
Sahn sie, wie thätig es sich hat beweget,
Geblüht, gelebt und sich ins Grab geleget;
Wir Spätgebornen schwache Spur nur finden.

Doch wie kann sein, was weder fühlt noch lebet,
Was keiner innren Regung Odem hauchet?
Wir wissens nicht. Doch das was in uns strebet

In Leben selbst dies Lebenlose tauchet.
Denn aus dem Steinbruch klippiger Gefilde
Schafft Künstlermeißel athmende Gebilde.

Freigebigkeit der Natur.

Wohin kein Menschenfuß je klimmend dringet,
In steiler Klippen öden Wüsteneien
Bunt prangend stehen dufiger Pflanzen Reihen,
Die die Natur hervor freiwillig bringet.

Wo sich hinab kein Lichtstral zitternd schwinget,
Des Dunkels ewge Nächte zu zerstreuen,
Im Meeresgrund sich Fische wimmelnd freuen,
Wo Farbenglanz mit Farbenglanze ringet.

Daß je ein Auge nur die Wunder schauet,
Die sie herab vom Himmel mächtig thauet,
Und wovon reich die Erde blühend schimmert,

In stiller Größe die Natur nicht kümmert,
Zufrieden, daß aus freier Fülle sprießet,
Was fruchtbegabt ihr Blütenkelch umschließet.

Friede mit dem Schicksal.

Ich achte nur des Schicksals dunkle Mächte,
Die, mit den Kräften der Natur im Bunde,
Bestimmen die verhängnißschwangre Stunde
Des Wohls und Wehs dem sterblichen Geschlechte.

Wer ehret seines Ausspruchs heilge Rechte,
Sinkt nicht, trifft ihn auch tiefen Unglücks Wunde,
Jauchzt nicht im Glücke mit vermessnem Munde,
Erkennt in Mild' und Strenge das Gerechte.

Wie ihre goldnen Bahnen gehn die Sterne,
So unverändert fest, nach Götter Weise,
Geht durch des Menschenwollens eitle Kreise

Das Schicksal, kommend aus geheimer Ferne.
So Linien in lockrem Sand gezogen,
Anrollend spülen fort des Meeres Wogen.

Die Cypressenallee.

Ich seh' euch, dunkele Cypressen, wieder,
Und banger Schauder rollt durch meine Glieder;
Erinn'rung wehmuthvoll die Brust umquillet,
Und was ihr finster droht, mit Furcht mich füllet.

Mir ists, als senkten eure Wipfel nieder
Auf mich des Tods umnachtendes Gefieder.
Allein wie so das Herz von Gram mir schwillet,
Steh doch ich da in Duldungsmuth gehüllet.

Denn wie von klarem Sonnenlicht umschrieben,
Erscheinen Andren eure zarten Zweige,
Und allgewalt'ges, nie zerstörbar Lieben

Macht, daß zu dem ich mich, heiß sehnend, neige.
Darum, ihr nachtumschauerten Cypressen,
Wird doch mein Fuß euch stillgefaßt durchmessen.

Schule der Leiden.

Wenn meine Schritte Tag und Nacht durchstreifen
Des Buchenwalds bald ebne und gerade,
Bald durchs Gebüsch verschlungne, krumme Pfade,
Im Geist mir vielerlei Gedanken reifen.

Der Mensch, was ihn umgiebt, muß rasch ergreifen,
Sonst ihm entrollt es an der Zeiten Rade.
Wohin die wechselnde Natur ihm lade,
Muß, folgsam, Eindruck er auf Eindruck häufen.

Ob Lust mir oder Schmerz die Brust bewege,
Acht' ich so hoch nicht im erprüften Herzen.
Wenn die Gedanken sind erfindsam rege,

So werden heilsam auch des Lebens Schmerzen.
Mir ist nicht immer mildes Loos beschieden,
Doch nimmer wankt mein stiller Seelenfrieden.

Niobe.

Du kniest, das schmerzenschwere Haupt gesenket,
Zur Tochter, die du todt siehst vor dir liegen;
Du strebst den schweren Kummer zu besiegen
Um die, die du an deiner Brust getränket.

Der Götter Spruch des Menschen Schicksal lenket,
Auch du mußt dich in ihren Willen fügen,
Und leerst mit langen, seufzervollen Zügen
Den Becher, der dir voll ward eingeschenket.

Du hieltest sie in treuen Mutterarmen,
Du fühltest Herz an Herz dir süß erwarmen,
Und Thränenströme netzten deine Wangen.

Die Brust der Göttin kennet kein Erbarmen;
Des Pfeiles Federn durch die Lüfte klangen;
Die Arme muß den Todesstreich empfangen.

Gegebenes Maaß.

Das Meer nicht immer bleibt in gleichem Stande,
Doch kann gegebnes Maaß nicht überschweifen.
Scheint noch so stark die Welle auszugreifen,
Sie kehrt zurück vor nichts in ebnen Sande.

So halten auch uns unsichtbare Bande
Des Schicksals Wechsel und der Kräfte Reifen;
Nur wenig übers Maaß hinüber streifen
Kann man, der Becher füllt sich nur zum Rande.

Denn in der Götter unbesiegbar'n Händen
Das Richtscheit ruhet und des Wägens Schaale;
Und was bestimmt wird hoch im Göttersaale,

Muß hier der Mensch, woll' er auch nicht, vollenden.
Mag in den Styx ihn gleich die Mutter tauchen,
Die große Seele muß Achill verhauchen.

Das Schweigen.

Im Kloster lebt' ich viele lange Jahre,
Wo nie den Lippen durft' ein Wort entfliehen,
In sich man Schmerz und Freude mußte ziehen,
Daß man dem Ohre lästgen Laut erspare.

Da bleichten mir der Scheitel Silberhaare,
Doch tiefes Denken, reifer Sinn gediehen;
Darum in heitrer Lust und Tages-Mühen
Ich tiefes Schweigen gern auch jetzt bewahre.

Die Sterne ja gehn ihre goldnen Bahnen
Auch schweigend in des Aethers stillen Wegen,
Und uns das Innerste der Brust doch regen,

Weil sie an überirdisch Licht uns mahnen.
Im tiefsten Senken, wie im höchsten Schwunge
Des Geist's, fühlt fremd dem Busen sich die Zunge.

Hulda.

Ich sitz' und denk' in dieser nächtgen Stille
An den Geliebten, den ich nie mehr sehe;
Zum Sterne sag' ich, daß er zu ihm gehe,
Und melde ihm, wie Gram mein Herz umquille.

Denn so mich bannt hier ernster Fügung Wille,
Daß ich mit ihm nicht kenne andre Nähe,
Als daß sein Hauch mich von dem Stern anwehe,
An dem ich hänge in Erinnrungsfülle.

Sein milchweißreiner, stiller Aetherschimmer
Uns leuchtete in jenen selgen Tagen,
Wo wir gestanden uns mit Wonne-Zagen,

Daß eines nur im andren konnte leben.
Darum wenn wir den Blick zum Stern erheben,
Sehn wir in ihm noch unsres Glückes Trümmer.

65

An Ihn.

O trüge dich der Zeiten ewge Welle,
Erhörend meiner Sehnsucht tief Verlangen,
Zurück vom Orte, der dich hält umfangen,
Verödet fändst du bei mir jede Stelle.

Kein Anderer betrat der Thüre Schwelle,
Durch die so oft dein Fuß ist still gegangen,
Und Einem nur netzt diese bleichen Wangen
Der heißen Thränen ewig neue Quelle.

Wie man nur einmal wird ans Licht geboren,
Und einmal nur kann aus dem Leben scheiden,
So sind auf ewig auch der Liebe Freuden,

Wenn der Geliebte ging, der Brust verloren.
Was aus dem Himmel zieht sein reines Leben,
Kann irdisches Geschick nicht zweimal geben.

Der Krieger.

Durch Sturm und Wetter gehn des Kriegers Schritte,
Doch ohne seinen heitren Sinn zu trüben;
In festem Busen sichren Muth zu üben,
Ist von Natur ihm angeborne Sitte.

Bald steht er in des Schlachtgetümmels Mitte,
Die Helme um ihn her und Lanzen stieben;
Wenn er sein Handwerk lange hat getrieben,
Sucht spät er Ruh in ländlich niedrer Hütte.

Was hat er sich im Leben nun erkämpfet,
Das kampflos nicht ihm wäre zugeflossen?
Er hat des Lebens edlen Schaum genossen,

Die heiße Lust der glühnden Brust gedämpfet;
Sich lassen von des Schicksals Wellen tragen,
Heißt an die Sterne mit dem Haupte schlagen.

Die Gesinnung.

Was jeder thut und wirkt auf dieser Erde, —
Er mög' in Thatengröße Ruhm erstreben,
Er möge weilen still am Heimathsherde, —
Es ist stets vor dem Ziel doch endend Leben.

Wer will, daß es vollendet Ganzes werde,
Der muß im Busen sich ein eignes weben
Aus Wonn und Schmerz, Gelingen und Beschwerde,
Dem Aeußren nichts, dem Innren alles geben.

Dann kann er dreist ins Weltgewühl sich tauchen,
Die Kräfte, die sonst unerforschet schliefen,
An reichgegebnem Stoffe kraftvoll prüfen;

Es wird ihm nicht die innre Freiheit binden,
Im wildsten Sturm sich wird er wiederfinden,
Und was vom Himmel stammt zum Himmel hauchen.

Wesen der Schönheit.

Wen das Gefühl des Schönen soll durchbringen,
Dem muß aus Sinnenklarheit es entspringen,
Wie Unschuld glänzet auf der Jungfrau Wangen,
Die noch nicht kennt der Liebe süß Verlangen.

Es regt nicht frei die silberhellen Schwingen,
Wo Wünsche menschlich nach Besitze ringen;
Nur um es tief und tiefer zu umfangen,
Darf Sehnsucht brünstig an dem Schönen hangen.

Wer eine innre Welt sich also bauet
In reiner Schönheit still empfundnem Walten,
Dem von den Schlacken irdischer Gestalten,

Wie von den Sternen Meeresglanz, sie thauet.
Daß von dem Himmel sei auf Erden Kunde,
Steht sie mit allem Irdischen im Bunde.

Die Sterne.

Ein großer Dichter sagt, daß man die Sterne
Begehre nicht, sich ihres Lichts nur freue:
Sah er denn sehnend nie in jene Ferne
Nach Welten wo das Sein sich ihm erneue?

Wohl hängt das Aug' am Sternenglanze gerne,
Doch nicht, daß er die tiefe Nacht zerstreue: —
Daß tief die Brust in sie zu tauchen lerne,
Wenn nicht ihr Glück mehr giebt die heitre Bläue.

Wenn, was das Herz geliebt, die Erde decket,
Ihr Dunkel nur die Lust des Busens wecket.
Man liebt die fernen Sterne hier auf Erden,

Daß durch des Grabes Nacht sie Leiter werden;
Wenn Glück und Lust hat für das Herz geendet,
Den Blick ihr nahes Sonnenflammen blendet.

Hellas.

Zwei Dinge Hellas Phantasie-Gestalten
So tiefen Reiz für alle Zeiten geben:
Der Charitinnen ewig zartes Walten
Und Nemesis' nach strengem Maaße Streben.

In feinen Linien sie die Gränzen halten,
In denen hin und wieder schwankt das Leben.
Die Menschen bänd'gen der Natur Gewalten,
Und edle Scheu macht Götterbrust auch beben.

Am Indus und am Ganges sieht man schwellen
Der Rede Macht, wie ihrer Strömung Wellen.
Aus grauem Alterthum hervor sich gießen,

Aus Dichterbildern Weisheitssprüche sprießen;
Allein des Herzens Sehnsucht tief nur stillet
Der Thau, der Griechenlippen sanft entquillet.

Die Römer.

Daß sich der Menschheit Schicksal wölbend baue,
Geschaffen ward des Römervolkes Sitte,
Daß pfeilerähnlich stehend in der Mitte,
Wie Janus, es nach vorn und rückwärts schaue.

Ein Fels, an dem des Meeres Wuth sich staue,
Wich es dem Trotz nie, selten flehnder Bitte,
Und vorwärts schritt mit niegehemmtem Schritte,
Nicht achtend, daß den Fuß ihm Blut umthaue.

Der Kunst und Dichtung schöpferischen Funken
Nicht zeugte seine Brust, begeistrungtrunken;
Die Harfentöne seiner Dichter hallten

Nur nach den vollern, die von Hellas schallten.
Nur auf des Völker-Thrones ehrnen Stufen
Zu herrschen einzig, fühlt es sich berufen.

Molly.

Und sollten meine Füße auch ermatten,
Ich mußte auf und ab doch spät noch gehen,
Um an der Balkendecke ihren Schatten
Vorüberstreifen wenigstens zu sehen.

Der Liebe Pfeile mich bethöret hatten,
Ich konnte mehr nicht selber mich verstehen;
Wenn Eifersucht sich und Verlangen gatten,
Gesunden Sinn zu Wahnsinn sie verdrehen.

Doch diese Fieberglut ist längst verflogen,
Und ruhige Vernunft zurückgekehret.
Nun sie zu mir hat Liebe angezogen,

Doch ihre Neigung meine Kälte mehret.
Der Schleier rollte vor den Augen nieder,
Enttäuscht, so wie sie ist, seh' ich sie wieder.

Die Amazonen.

Verachtend Schlachtgefahr und Kriegesmühen,
Eilt in den Kampf die Schaar der Amazonen;
Sie nicht den Feind, die eigne Brust nicht schonen,
Nur Eines fürchtend, weibisch feig zu fliehen.

Doch wie die starken Glieder Kraft auch sprühen,
In ihren Zügen Schmerz und Wehmuth wohnen;
Des Sieges Freuden niemals sie belohnen,
Gesenkten Hauptes sie gefangen ziehen.

So zart von Hellas Kunst ward abgewogen,
Was fodern des Geschlechtes ewge Rechte.
Das Weib mischt muthig wohl sich dem Gefechte,

Von der Gewalt des Schicksals hingezogen;
Doch wilde Kampflust, Zuversicht zu siegen
Nicht kennt die Brust, der Lieb' und Sehnsucht gnügen.

Der Montserrat.

Im Berg, von kühner Adler Flug umschwebet,
Wo zu des Himmels dunkelblauer Heitre,
Daß sich der Blick auf Land und Meer erweitre,
An Felsensäule Felsensäule strebet,

Geweihte Zahl von edlen Klausnern lebet,
Gewiß, daß nicht das Schiff des Glücks mehr scheitre,
Und jeder Tag die reine Brust noch läutre,
Ein Leben, still von Seelenruh gewebet.

Doch nicht des Montserrate Felsenzacken
Bedarf die Brust, daß von der Erde Schlacken
Sich heilge einsam strenggeübter Wille.

Auch in der Menschen lärmendem Gewimmel
Schafft selger Ruhe ungetrübten Himmel
Sich dem Gedanken zugewandte Stille.

Die Nonne.

Die Nonne kennt nur ihren Klostergarten,
Den ihre Hände liebend sorgsam warten,
Die andre Welt ist weit von ihr geschieden,
Vom Himmel wie die Erde ist hinnieden.

Auf stille Ruh der Brust Verlangen harrten,
Doch im Gewühl des Lebens bang erstarrten;
Nun keine Wünsche mehr im Busen sieden
Wallt er in ungetrübtem Seelenfrieden.

Zwei Wonneblüten Ruh sind und Verlangen,
Die nie zugleich dasselbe Haupt umfangen.
Erreichte Sehnsucht gleicht den Sonnenblicken,

Die gaukelnd tanzen auf der Woge Rücken;
Die Ruhe aus der dunklen Tiefe steiget,
Wo, fern vom Sturm, die feuchte Oede schweiget.

Das Diadem.

O, dieses Band die Schläfe mir versenget!
Mich von des Todes Macht es zwar entbindet,
Doch mich ins Leben fühl' ich eingeenget,
Aus dem mein Fuß mehr keinen Ausgang findet.

Wie sich der Anblick offner See verlänget,
Wo Hofnung ferngelegner Küste schwindet,
Mich in der Tage Flut einförmig zwänget
Unsterblichkeit, die Wechsel nie verkündet.

Die Sterne lieblich wohl am Himmel blinken,
Doch müssen labend sie hernieder winken,
Die Brust umsonst nach ihnen nicht verlangen,

Sonst hält das Licht mehr, als das Grab, gefangen.
Denn, wenn der Erde Schooß versöhnend kühlet,
Das Leben oft mit Schmerz die Brust durchwühlet.

Des Lebens Ausgang.

Wir alle gehn in langgedehnter Reihe
Dem Tode zu, dem wir anheimgefallen,
Langsamen Schritts wir still ergeben wallen
Zu der von dem Geschick empfangnen Weihe.

Denn daß sich der Geschlechte Zahl erneue,
Vernahmen ernstes Wort wir vor uns schallen:
Der Lebenslaut soll euch in Luft verhallen,
Daß Andere das Licht, die Nacht euch freue.

So flutet auf und ab des Daseins Welle,
Und Tod und Leben wechseln ihre Stelle.
Wer an des Sonnenlichtes süßer Helle

Gewärmet hat die kraftdurchsprühten Glieder,
Der sinket zu des Schattens Kühle nieder,
Und wer dort einmal war, kehrt niemals wieder.

Stärke der Seele.

Mit Stärke wird gestählt der Sinn durch Schmerzen,
Geführet in des Busens stillen Schranken
Zu tiefbewegten, hebenden Gedanken
Die Schwingen werden dem gepreßten Herzen.

Wo Wolken nicht den heitren Himmel schwärzen,
Des Lebens Nebel alle nieder sanken,
Kein treulos Glück droht ungewiß zu wanken,
Da gaukelt froh der Sinn in leichten Scherzen.

Doch Kraft und Tiefe auch dem Licht sich gatten,
Bedürfend nicht der scharfumschriebnen Schatten;
Was tiefer wirkt, hängt an der Seele Farbe.

Wo Freiheit schafft, muß Glück hell lachend blühen,
Wo Still' und Demuth eng die Kreise ziehen,
Da hebt und stärkt der Schmerz, und läßt nicht Narbe.

Die stummen Zeugen.

In diesen endlos langen Säulenhallen
Vernahm man Töne vieler Deutung schallen,
Bald Freuderuf aus ehrfurchtscheuem Munde,
Bald Klagelaut in schmerzgeweihter Stunde.

Denn kein Mensch weiß im dunklen Erdenwallen,
Wie ihm des Schicksals Wechselloose fallen;
Kein lautbegabtes Haus ertheilet Kunde,
Mit welcherlei Geschick es steht im Bunde.

Und jede Menschenwohnung in sich schließet,
Was Menschen schmerz- und lustbewegt empfanden;
Wo erst vor kurzem theurer Sarg gestanden,

Geräuschvoll Tanz und Spiel die Mauern grüßet.
Das ganze Leben man entfaltet fände,
Sprächen der kleinsten Hütte niedre Wände.

Der Schauspieler.

Es muß der Mensch zu Vielem sich bequemen;
Ich muß zu dichten krümmen mich und winden,
Ein Schauspiel jeden Monat neu erfinden,
Und selbst die erste Rolle übernehmen.

Die Herrn, die zusehn, nicht den Tadel zähmen,
Durch gellend Pfeifen sie ihn laut verkünden,
Und zählen vor mir dann des Stückes Sünden,
Heraus mich rufend, mehr mich zu beschämen.

Drauf wird zu Hause mir der Text gelesen,
Daß, folgend meinen läppischen Gefühlen,
Ich nach der Menge Beifall nicht will streben;

Und wenn ich einmal glücklicher gewesen,
Man Beifall hat ertheilet meinem Spielen,
So lobt man mich zu Hause nur so eben.

Kranz und Gedicht.

Auf ungepflegter Flur, auf freien Matten,
Verborgen tief in hohen Waldes Schatten,
Unzählge Blumen mannigfarbig sprießen,
Und Gottes Sonnenschein und Thau genießen.

Zum Kranze künstlich sie zusammenschließen
Des Mädchens Finger, liebend zu begrüßen,
Den lang gewählt die stillen Wünsche hatten,
Und den sie bald umfängt als treuen Gatten.

So Dichterkläng' in farbgem Licht umschweben
Die Phantasie, und sie süß schaukelnd heben;
Doch Liebe, die das tiefste Herz entzündet,

Zum Lied sie erst in Maaß und Reime bindet.
Denn von der Liebe feucht verklärtem Glanze
Borgt Alles Licht, was stralt im Dichterkranze.

Penelope.

In stiller Nacht, die Freier zu betrügen,
Löst ihr Geweb' Ikarios Tochter wieder,
Und Schlaf umhüllet erst die matten Glieder,
Wenn aufgetrennet alle Fäden liegen.

In gleiches Loos muß oft der Mensch sich fügen,
Was mühvoll er gebaut, selbst stürzen nieder,
Wenn, wie der Wind zurückschnellt Pfeilgefieder,
Sein Streben nicht kann das Geschick besiegen.

Oft auch, was muthig er im Erdenleben
Beginnt, in sich zurück von selber irret,
Wenn, klar nicht schauend, was er kann erstreben,

Er in den eignen Fäden sich verwirret.
Er glaubt das Ziel zu sehen wahnbefangen,
Und steht am Punkt, von dem er ausgegangen.

Die Danaiden.

In finstrer Unterwelt ein leeres Spielen
Das ewge Schöpfen scheint der Danaiden;
Vor Arbeitslast sie nicht die Arme fühlen,
Und kein Gelingen stellt die Brust zufrieden.

Im Leben auch, am Sonnenlicht hienieden,
Den Tag durchringet oft, den arbeitsschwülen,
Der Mensch, und dennoch ist ihm nicht beschieden,
Am Ziele sich in Schattenruh zu kühlen.

Dann zu der Thatkraft muß der Blick sich wenden,
Das Mühen muß da, wo es anfängt, enden.
Wenn nichts der Arm auch äußerlich erstrebet,

Die Sehnen innerlich an Kraft gewinnen.
So leer die Danaidenschaar nicht hebet
Den Sieb, wenn alle Wasser auch verrinnen.

Sisyphus.

Den Stein zu wälzen, der entdonnernd weichet,
Verdammt ist Sisyphus vom Qualgeschicke;
Doch in des Sturzes treulos arger Tücke
Der Ruhm des Menschen jenem Marmor gleichet.

Wenn nicht die Stärke bis zum Grab ausreichet,
Zu ringen, daß man steigend ihn erblicke,
Wenn Schwäche bleibt im Leben, oder Lücke,
Der Sternenkranz der Heldenstirn erbleichet.

Denn in des Geists ätherischen Gefilden
Erhalten ist ein ewig neues Bilden,
Und kein Besitz ein ruhend liegen Lassen;

Was in die Luft nicht eitel soll zerstieben,
Muß rasche Thatkraft immer neu erfassen,
Von bebender Begeistrung angetrieben.

Des Alters Gewinn.

Ich schelte nicht des Hauptes graue Haare,
Die sich allmählich in die dunklen schleichen;
Wenn alle dunklen auch einmal erbleichen,
Ich doch Zufriedenheit in mir bewahre.

Viel gute Gaben bringen viele Jahre,
Wenn Reiz und Frische von dem Weibe weichen;
Sie lernt, daß sich nicht alle Tage gleichen,
Zum Glück nicht hilft, daß man sich Mühe spare.

In vieles will die Jüngre nicht sich fügen
Worin die Aeltere sich lernet schicken,
Um sich mit stillen Seufzern zu besiegen.

Dann in den ruhgen, immer gleichen Blicken
Trägt sie des Busens tiefen Seelenfrieden,
Der selten schmerzlos wird erkauft hienieden.

Wolken und Gestirne.

Die Wolken ziehn in luftigem Gewühle,
Es treibt der Wind verwirrt sie hin und wieder,
Am Himmel lagern sie die schweren Glieder,
Und eilen fort in regellosem Spiele.

Doch die Gestirne folgen festem Ziele;
Wie Rhythmus Sphärentanz entklungner Lieder
Durchschwebt das Jahr ihr leuchtend Stralgefieder,
Und ewig gleich abwechseln Frost und Schwüle.

Der Mensch muß beide sie in sich vereinen,
Der Sterne streng Gesetz, der Wolken Wühlen.
Er muß den Stoff der irdschen Dinge fühlen,

Die, ewig kreisend, ewig sich verwirren,
Und von des Daseins Bahn nicht abzuirren,
Muß ihm der Ewigkeiten Sonne scheinen.

Friede mit dem Schicksal.

Ich werde dem Verderben nicht entweichen,
Das Streben, mich darin zu fesseln, glühet,
Und immer engre Kreise um mich ziehet;
Es wird sein kalter Arm mich bald erreichen.

Ich achte still auf jedes leise Zeichen,
Es sträubt sich nicht die Hand, der Fuß nicht fliehet,
Was mich verlangt, mich stumm erwarten siehet,
Wovor das Herz mir bebt, die Wangen bleichen.

Der Mensch mit kühnem Muth darf kämpfend streiten,
Wenn Elend Menschenhände ihm bereiten.
Doch wenn er liegt im Schicksalsnetz gefangen,

Sein Loos ist in sein Wesen eingeschrieben,
So darf er strafbar Rettung nicht verlangen,
Muß willig duldenden Gehorsam üben.

Die Säule.

Wie schlank die Säule in die Lüfte rage,
Sie fordert, daß sie höhres Kunstwerk kröne,
Vermählend freundlich sich mit ihrer Schöne,
Und ist zufrieden, daß sie dienend trage.

Im Saal, bestimmt zu festlichem Gelage,
Schmückt, daß durch Anmuth Knechtschaft sie versöhne,
Und nicht ihr Haupt unwillig dienstbar fröhne,
Sie es, wie Blütenkelch an sonn'gem Tage.

Und wenn nun sanken des Pallastes Mauern,
Sie, von Gebüsch umranket, einsam stehet,
Wo Dach einst lieblich schützte, Sturm nun wehet,

Sieht man, des Schmucks beraubt, sie einsam trauern.
So führt, von Mann und Kindern sonst umgeben,
Verwaistes Weib in Gram versunknes Leben.

Die Elemente.

Die Luft im Wogen Sinken ist und Heben,
Sie und das Wasser wechselnd sich erzeugen,
Wenn feuchte Nebel auf- und abwärts steigen,
Der Flamme Spitzen unstät lodernd beben.

Sie alle zum verwandten Himmel streben,
Die Fluthen sehnsuchtsvoll zum Mond sich neigen,
Der Flamme Sprühn ahmt nach der Sterne Reigen,
Doch alle niedrig sie im Dunstkreis schweben.

Die Erde nach so kühnem Ziel nicht jäget,
Sie bleibt am niedren Grund, und Wohnung bietet
Dem Menschen, den sie lebend nährt und hütet,

Und todt im kühlen Schooße freundlich heget.
Und seinen, tiefem Sinn entschöpften Worten
Erschließen wahrhaft sich des Himmels Pforten.

Phantasie.

O, schelte nicht der Träume Wahngestalten!
Irrlichtern gleich sie kommen und entschweben,
Doch süßres Glück in stillen Nächten geben,
Als wo des Lebens Wirklichkeiten walten.

Muß alles denn der Mensch, wie Körper, halten?
Schlingt fester nicht, als um den Ulmbaum Reben,
Sich um den Geist des Wohllauts Zauberbeben,
Und lebt, wenn seine Töne längst verhallten?

Wie leise kommt bei Sternenlicht geschlichen,
Der ist der Tag in Sehnsucht bang verstrichen,
Wenn Mond und Sonne zögernd niemals wichen;

So wenn im tiefen Schlaf die Sinne schweigen,
Herauf des Busens liebste Bilder steigen
Und über den Beglückten süß sich neigen.

Das Gold.

Der Bergmann wohnet in der Erde Schlunde,
Und fördert Erz, doch nicht zu eignem Frommen;
Des Tageslichtes Lust ist ihm genommen,
In Dunkel jagt er nach dem reichen Funde.

Und doch hat man von keinem Glanze Kunde,
Vergleichbar dem, den wir durch ihn bekommen.
Der Sonne scheint des Goldes Stral entglommen,
Wenn heiß sie brennt in schattenloser Stunde.

Der Bergmann seinen Schweiß in Nacht vergießet,
Und findet oft des dürftgen Lebens Ende,
Wenn von dem eignen Werke seiner Hände

Zusammen über ihm die Erde schießet.
In Finsterniß er dann begraben lieget,
Des Goldes Schimmer alle Zeit besieget.

Durga.

Sie dem Gemahl folgt in das Reich der Schatten,
Und strafet selbst mit streng gehobnem Arme;
Was sie erblickt, erbangt in Angst und Harme,
Denn Zorn und Rachsucht nie in ihr ermatten.

Sie straft gerecht nur die gesündigt hatten,
Doch nicht geschiehts, daß sie sich je erbarme,
Und Menschenbrust an ihrer Huld erwarme;
Sie übertrifft den furchtbar grausen Gatten.

Wie wer sich schwimmend will am Felsen retten,
Sich muß in sichren Tod der Wellen betten,
Weil, wie er angstvoll aus die Arme strecket,

Zurückgeworfen wieder ihn die Fluth bedecket;
So unzugänglich Durgas Busen starret,
Wenn Menschenlippe auf Erhörung harret.

Wesen des Großen.

Wie aus dem Nichts hervor das Große steiget,
Und auf, woher weiß niemand, plötzlich flammet;
Von Vater nicht es her, noch Mutter stammet,
Aus innrer Urkraft es sich selbst erzeuget,

Dann links und rechts nach eignem Trieb sich neiget,
Nicht harrt, wozu das Schicksal es verdammet,
Auf Dornen ruhend oder Purpursammet,
Selbst Bahn und Ziel sich wählt, und andren zeiget.

Die so entstehn, sind die Belebungsfunken,
Die der Natur geheimer Glut entsprühen.
In Dunkel wäre lang die Welt versunken,

Wenn nicht, wie Sterne goldne Kreise ziehen,
Sie leuchteten der Menschen finstren Wegen,
Auch noch Jahrtausenden ein milder Segen.

Die stillen Nächte.

Warum ich so die stillen Nächte liebe?
Kann recht ich nur der eignen Brust vertrauen;
Was da des Geistes Augen lebend schauen,
Zum Gott mich machte, wenn es ewig bliebe.

Am Tag ich nur so meine Pflichten übe,
Wie Wandrers Schritte Nebel wohl umgrauen;
Die Thränen, die den Wimpern mir entthauen,
Zur Nacht mich ziehen mit geheimem Triebe.

Nicht von der Wirklichkeit Gesetz gehalten,
Der Zeiten hingeschwundene Gestalten
Im Traume süß vertraulich wiederkehren,

Und lieblich flüsternd da die Seele lehren,
Daß aller Wonnen süßeste genießen
Heiß jedem Eindruck fest die Sinne schließen.

Macht der Liebe.

Der Mensch wohl sinnt und regt sich in Gedanken,
Und setzet seinem Forschen keine Schranken;
Bis an des Weltalls Grenze möcht' er dringen,
Und tausend Dinge vor die Seele bringen.

Doch wenn er Liebe fühlt die Brust umranken,
Auf einmal alle tausend Dinge schwanken,
Er fühlt nur Eins, kann nur nach Einem ringen,
Nur das geliebte Bild im Geist umschlingen.

Und diese dicht verschlossne Blütenfülle,
Die nichts entfaltet aus der zarten Hülle,
Das Höchste ist, was Menschensein erstrebet;

Von dem, was des Gemüthes heilge Stille
Da in geheimer Ahndung tief durchbebet,
Der Mensch bis zu des Grabes Rande lebet.

Vereinigung.

Wenn einst der Erde dumpfe Nebel sinken,
Die Augen sich, des Tages müde, schließen,
Und auf des Leibes Grabe Blumen sprießen,
Wird reinen Aetherduft die Seele trinken.

So geht die Sage, und der Sterne Blinken,
Die freundlich nieder uns vom Himmel grüßen,
Wird sie mit seinem Stralenlicht umfließen;
Schon jetzt sie zu im Leid uns Hofnung winken.

Doch wie sich Dasein pilgernd stets erneuet,
Des Busens Sehnsucht keine Ruh gewähret,
Und wenn der Mensch nicht weilet mehr auf Erden,

Er süßer ahndendes Verlangen nähret,
Von irdischem, geschiednem Sein befreiet,
Mit dem, was er geliebt hat, Eins zu werden.

Schule der Leiden.

Wie Schmerzen man den Wolken wohl vergleichet,
Die auch des Himmels heitres Blau verdecken,
Zur Erde bald die schwarzen Busen strecken,
Und bald entfliehn, wenn frisch der Nordwind streichet;

So Schmerz auch giebts, der wanket nicht noch weichet,
Den immer neue Thränen rinnend wecken,
Der gleicht den nächtgen, düstren Nebelflecken,
Wenn Sternenglanz für ewge Zeit erbleichet.

Wer in dem tiefgeprüften Busen kennet,
Wie dieser Schmerz, am Leben zehrend, brennet,
Der willig ein sich in den bittren spinnet.

Denn wenn man leidend ihn hat durchgerungen,
Und hält mit beiden Armen ihn umschlungen,
Die Seele Frieden wehmuthvoll gewinnet.

Muth und Schicksal.

Sahst du wohl je auf unabsehbarn Fluren
Den goldnen Waizen Halm an Halme stehen,
Ein wogend Meer, wenn leise Winde wehen,
Und dicht gelagert, wenn hin Stürme fuhren?

Dem ähnlich giebts gediegene Naturen,
Die mit erstarktem Muth durchs Leben gehen,
Nie abwärts sich vom rechten Pfade drehen,
Von feiger Schwäche tragen nirgends Spuren.

Mit nervgen Armen jedes sie ergreifen
Und seis auch Schmerz, ans Herz es starrend drücken.
Sie kennen nicht phantastisch luftig Schweifen,

Auf Thatkraft nur und festes Dulden blicken;
Und wenn die Brust auch tiefe Seufzer schwellen,
Theilt doch sie stark des Schicksalsstromes Wellen.

Der Seele Kräfte.

Der Seele Kräfte frei vom Körper streben,
Und tragen in sich abgesondert Leben,
Wenn nur in ihrer tief empfundnen Stille
Wohnt fester, unerschütterlicher Wille.

Vor keinem Ungemach sie dann erbeben,
Vielmehr sie Krankheit noch und Leiden heben,
Da nicht mehr hindert der Begierde Fülle,
Daß der Gedanke rein dem Geist entquille.

Der Mensch fühlt dann ein ungewohntes Wogen
Im reichbewegt aufsteigenden Gemüthe,
Und pflücket der Empfindung Wahrheitsblüthe,

Nicht mehr von trübem Sinnenschein betrogen;
Und bis des Lebens letzter Pulsschlag stocket.
Der Phantasie er süßen Klang entlocket.

Die Gegenwart.

Das Jetzt ist kaum nur im Moment zu fassen;
Ergreift mans, schnell es ins Gewesen fliehet,
Und zögert man, als künftig man es siehet;
So schwer ists, zwischen beid' es einzupassen.

Drum darf man Schmerz so meiden nicht und hassen;
Er ist kaum mehr wenn eben recht er glühet,
Und ist er noch, der Hofnung Funke sprühet,
Daß seine Flammen bald nicht Nachklang lassen.

Allein auch deiner Freuden süße Wonne
Nicht allzuviel der Gegenwart vertraue.
Sie brennet, wie des Sommers Mittagssonne;

Doch was Vergangenheit der Brust gewähret,
Wie Stralenschein in duftgem Abendthaue,
Mit mildrer Rührung sie durchschauernd nähret.

Das Pferd.

Das Roß des Schlachtgetümmels Schaaren zieret,
Und theilet die Gefahr im edlen Streite,
Es streckt im Lauf die schlankgedehnte Seite,
Der Boden dröhnt, wenn ihn sein Huf berühret.

Ein Leben es, gefangen, knechtisch führet,
Verwehrt ist, bis es wird des Todes Beute,
Ihm, daß sein Wille seine Schritte leite,
Und niemals es der Fesseln Zwang verlieret.

Doch sich zum Stolze hat es umgeschaffen
Den Zaum, an dem es herrisch wird gelenket,
Die Knechtschaft in sein Wesen tief gesenket.

So freut es sich, die Glieder anzustraffen;
Der Stier giebt sträubend nach dem stärkern Zwange,
Das Roß umglänzt er, daß es schöner prange.

Die glückliche Zeit.

Wie Einer Sonne alles Licht entquillet,
In das am Tag sich Erd' und Himmel hüllet,
Ein Mond, mit dem sich ihre Stralen gatten,
Erhellt mit sanftem Schein die nächtgen Schatten;

So Eine Zeit, die mich mit Wonne füllet,
Und mir des Busens tiefe Sehnsucht stillet,
Läßt mich, sonst in Entbehrung lebenssatten,
Durch ihren fernen Schimmer nicht ermatten.

Da sie in aller Schönheit Reife prangte,
Und sie verbanden gleichgestimmte Triebe
Mit mir zuerst in schwesterlicher Liebe;

Drauf Jovis Stern trat zu des Löwen Herzen,
Und nun mit tiefem Glück, mit süßen Schmerzen,
Der eine nach dem anderen verlangte.

Die Milchstraße.

Der golden-sternbesäte Himmelsbogen
Gleicht einem Meer, wo Glanz und Schimmer wogen,
Und doch getrennt da rollen Myriaden
Von Sonnen, die in Licht den Aether baden.

Der Mensch erkennt sie nicht; vom Schein betrogen,
Staunt er, vom Flammenanblick angezogen;
Herab des Himmels Götter möcht' er laden
Zu kommen auf den hellumstralten Pfaden;

Und sich aus ihnen eine Brücke bauen,
Die, was sein Herz in Lieb' umschließt, verbände,
Wenn nicht mit jedes Morgens Dämmergrauen

Erbleichend wiederum die Brücke schwände.
Ach, alle Wege, die zum Himmel führen,
Sieht er sich nebelgleich in Duft verlieren.

Letztes Eigenthum.

Der Mensch, was er besitzt und wirkt, verlassen
Auf Erden muß, und nichts hilft ihm zu wähnen,
Den Nachruhm über's Grab hinaus zu dehnen,
Wenn wenig Bretter ihn des Sarges fassen.

Das, was ihm bleibt, sein Lieben ist und Hassen,
Des Busens tief unausgesprochnes Sehnen,
Was theuer er erkauft mit Schmerz und Thränen;
Was Zeit nicht tilgt, Geschlechter nicht verprassen.

Wenn um ihn schrumpft in Nichts die Welt zusammen,
Währt fort des Geistes unzerstörbar Flammen,
Und wenn er, wie auf Vesta's heilgem Heerde,

Mit stiller Treue diese Flamme nähret,
Die sich im Wandel keines Seins verzehret,
Verläßt er, weisem Pilger gleich, die Erde.

Auge und Mund.

Des Menschen Höchstes liegt im Aug' und Munde;
Mit jenem er Gedanken an sich ziehet,
Und diesem tiefer Rede Sinn erblühet;
Mit beiden steht der Geist in inngem Bunde.

Der Mund leiht Ausdruck in erregter Stunde
Dem, was den Busen dunkel erst durchglühet;
Und was das Auge lebend vor sich siehet,
Zeugt wahrer, als durchs Ohr vernommne Kunde.

Allein das Auge nicht bloß forschend bringet,
Tief in Natur und Seele klar zu lesen;
Auch seelenvoller, als je Wort erklinget,

Enthüllet stralend es das eigne Wesen.
Der Schatz, den es in dieser Kraft bewahret,
Hat niemand, so wie mir, sich offenbaret.

Das Reich der andern Welt.

Ein geistig Reich sich nach und nach gestaltet,
Das zu der Sterne Pfad sich aufwärts schwinget,
In der Natur urtiefe Kräfte dringet,
Und da, wo rein nur der Gedanke waltet.

Wem nie die Glut für dieses Reich erkaltet,
Wer seine Grenzen auszudehnen ringet,
Und nur zu leben glaubt, wenn dies gelinget,
Der in zwei Welten sicher herrschend schaltet.

Denn was er so in stillem Sinnen bauet,
Unlösbar in sein Wesen sich verwebet,
Und wenn der Geist dem Körper einst entschwebet,

Hinaus in unbekannte Sphären schreitet,
Es unzertrennlich ihn getreu begleitet,
Ihm Licht anzündend, das nie Nacht umgrauet.

Herbst und Winter.

Der Herbstwind kalt durch Berg' und Fluren pfeifet
Und ab das letzte Laub den Bäumen streifet;
Mein flatternd Haar die freie Stirne fliehet,
Die doch von Schweiß in großen Tropfen glühet.

Mit jedem Jahr ins Leben tiefer greifet
Die Zeit, die nicht vom graden Weg abschweifet;
Wenn Lenz und Sommer kaum sind hingeblühet,
Schon Herbst und Winter rasselnd ein auch ziehet.

Und beiden gleicht der Bau jetzt meiner Glieder,
Es bleichen allgemach die dunklen Haare,
Der Nacken widerstrebt der Last der Jahre,

Die ihn gewaltsam drücket knechtisch nieder.
Nur Eines wächst: das eisenfeste Tragen,
Wenn Schicksalsfluthen schwer zusammen schlagen.

Pflichterfüllung.

Ein eingeborner Trieb, der es bestimmet,
Beseelet jedes Wesens Sein und Leben,
Und mit dem tiefen innren Seelenstreben
Den gleichen Weg das äußre Schicksal nimmet.

Glück ist nicht Lust; sie plötzlich auf erst glimmet,
Dann sieht man sie erlöscht in Rauch entschweben.
Was wahrhaft Glück allein der Brust kann geben,
Ist Pfad, der nie vom Ziele ab sich krümmet.

Und Ziel ist jenes Triebes ernst Erfüllen,
Wenn Müh auch ringt und Thräne schmerzlich rinnet.
Wer, still ergeben in den ewgen Willen,

Aus sich hervor des Schicksals Faden spinnet,
Genießt, wenn um ihn her auch Sturm nie schliefe,
Doch Götterruhe in des Busens Tiefe.

Mars.

Wenn ihm zur Seite die Geliebte weilte,
Theilnehmend nicht sie suchten seine Blicke;
Nachdenkend ernstem, ewigem Geschicke
Sitzt er, als wenn ihn Amor nie ereilte.

Auch nicht, wie dem je Schlachtgewimmer heulte,
Strebt er mit reger Gier nach Waffenglücke,
Die Hand ist fern, daß sie die Lanze zücke,
Schon längst sie nicht der Feinde Schaaren theilte.

Wie wer den Geist in ernste Tiefen sendet,
Ist heitrem Sinnen nur er zugewendet,
Was auf der Erde bunt gemischt erscheinet,

In höhre Einheit forschend er vereinet,
Und niedres, irdisches Gewirr verschmähet,
Da weilend, wo still Götterruhe wehet.

Kein süßres Wort.

Die Sprache hat kein süßres Wort erfunden,
Als wenn vertraulich Du die Lippen sagen,
Bald zuversichtlich nach beglückten Stunden,
Bald schüchtern, wenn sie's, kaum erst hoffend, wagen.

Denn was je mit dem Andren wird verbunden
An seligem Gefühl in Wonnezagen,
Wird in die Eine Sylbe eingewunden,
Wie Blumenstrauß, den Mädchenbusen tragen;

Und diese goldenduftge Blütenfülle
Wird auf das eigne Wesen dann bezogen,
Dem Du entspricht ein Ich; man fühlt ein Wogen

Von Trunkenheit in heilger Wonne Stille.
Denn Du und Ich, zu Wir vereint zusammen,
Hebt über der Gestirne Aetherflammen.

Ein alter Freund.

Der Baum, kein andrer, soll mein Grab beschatten;
Mein Lebensloos steht mit ihm im Vereine,
Oft vor der Sonne frühem Morgenscheine
Schon seine Zweige mir gelispelt hatten.

Die Wesen der Natur bedeutsam gatten
Sich mit des Menschen Schicksal. Bäume, Steine
Es stumm bewahren, wie im heilgen Schreine,
Wie goldgegrabne Schrift auf Marmorplatten.

Denn nie konnt' ich mich von dem Baume trennen.
Wie Schatten hinter seinem Körper schreitet,
Hat er durchs lange Leben mich begleitet.

In der Gefühle sehnsuchtsvollem Brennen
Ehrt' ich, wenn ihn auch nicht die Blicke sahen,
Doch seines Rauschens mir geweihtes Nahen.

Poseidon.

Poseidon fährt mit Rossen durch die Wellen,
Sein Dreizack macht die Felsenküsten beben,
Empor sich Inseln aus der Tiefe heben,
Und Flammen, blutgetüncht, die Nacht erhellen.

Ihm ihre Urnen gießen alle Quellen,
Die Ströme willig ihm die Wasser geben,
Und die schwarzbusig in den Lüften schweben,
Ihm Regen geudend seine Fluten schwellen.

Doch keine Frucht die feuchte Fläche träget,
Sie wälzt und wälzt sich nur in dumpfem Wogen,
Und kommt und gehet ohne Zweck und Ende.

So auch der Taumel sich der Welt beweget,
Und wird in blindem Strudel fortgezogen;
Der Geist nur weiß, wohin den Blick er wendet.

Fatme.

Im Thurm die liebumschwebten Lippen sangen:
O, glücklich ist, wer einsam sitzt gefangen.
Nun in der Wonne, die ich süß empfunden,
Kann schwelgen ich die langen stillen Stunden.

Ich war doch treu. Nur hohle Worte klangen,
Sie zum Altar mich wider Willen zwangen;
Nie haben Achmets Arme mich umwunden,
Nur Priesterwort hat mich mit ihm verbunden.

Doch auch erzwungnen Schwur nicht sollt ich brechen;
Die Welt hat Recht, sie kann es grausam rächen,
Und schon den Armen ja birgt Erdenkühle,

Und mich in Raum, der kaum zehn Schritt umspannet,
Der strenge Wille des Gebieters bannet.
Doch in mir rein und schuldlos ich mich fühle.

Eilen und Verweilen.

Der Welt Betrieb ist, niemals stehn zu bleiben.
Wie Blut mag von geschwungnen Schwertern thauen,
Sie scheuet nicht des Todes finstres Grauen,
Wenn sie nur fort und fort ihr Werk kann treiben.

Sie hält kein Mitleid, hemmt kein Gegensträuben,
Man darf nicht rückwärts, soll nur vorwärts schauen,
Nicht klagend um Verlornes, weiterbauen,
Daß Funken sprühen aus der Kräfte Reiben.

Des Geistes Art dagegen ist Verweilen,
Und starr den Blick auf Einen Punkt zu lenken,
Um weiter, als der Erdengränze Säulen,

Sich in die Nacht der Tiefe zu versenken.
Der Mensch muß beide Weisen in sich einen,
Doch Seelenkleinod ihm Beschauung scheinen.

Die Wehmuth.

Wie wenn dahin des Winters Monde gehen,
Und sanften Zephyrs laue Lüfte wehen,
Sich lösen nach und nach der Erde Schollen
Und freudig fesselfrei die Wogen rollen;

So wenn erstarret Gram und Kummer stehen,
Muß Wehmuth erst der Mensch sie schmelzen sehen,
Wenn im Empfinden und im zarten Wollen
Ertönen seelenvolle Klänge sollen.

Denn zwischen Himmel Mittlerin und Erde,
Als eigen einzig ihm gegebne Blüthe,
Wohnt Wehmuth tief im menschlichen Gemüthe,

Des Schmerzes starren Trübsinn zu erschließen
Und Schatten in zu blendend Licht zu gießen,
Daß süßer Dämmerschein dem Blicke werde.

Wasser und Feuer.

Das Wasser und die Flammen wild verschlingen,
Was auf der Erde nahet ihrem Kreise,
Doch thun es beid' auf weit geschiedne Weise,
Wenn jenes sinkt, sich diese aufwärts schwingen.

Des Feuers Kräfte jedes Ding durchdringen,
Die Flut des Wassers bricht durch Felsenschleuse,
So wüthen sie in ihnen eignem Gleise,
Und in Ruin, was sie erfassen, bringen.

Doch wenn den Stoff sie schonungslos verzehret,
Die Flamme steigend sich aetherisch nähret,
Und was der Erde Bürde niederbeuget,

Durch Schmerz geläutert sie, wie neu erzeuget,
Daß es empor sich aus der Asche hebet,
Und Phönix ähnlich zu den Wolken strebet.

Der junge Esel und seine Mutter.

Er.

Kannst Du mir nicht, geliebte Mutter, sagen,
Warum die Menschen uns beständig schlagen,
Da Pferd und Maulthier mehr verschont doch bleiben,
Die sie, wie uns, in ihrem Dienste treiben?

Sie.

Sein Schicksal jeder muß hienieden tragen,
Und niemals frommt es, nach dem Grund zu fragen.
Die Grübeleien nicht den Schmerz betäuben;
Erdulde Deine Prügel ohne Sträuben. —

Das Maaß des Glückes und der bittern Leiden
Wird zugemessen nicht auf dieser Erde,
Daß darum mehr der Mensch und besser werde:

Nein, weil die Götter nun es so beschieden.
Aus Lust und Schmerz muß er sein Herz gestalten,
Wie mit dem Thone Töpfers Hände schalten.

Ate.

Wenn unglückdrohend leuchten die Planeten,
Ein giftger Hauch von schwarzem Unstern wehet,
Dann auf der Menschen Häuptern Ate gehet,
Damit sie ernten, was sie frevelnd säten.

Sie will der Erde Boden nicht betreten.
Damit kein Ohr nach ihrem Tritt sich drehet;
Wie ungeahndet schwarz Gespenst dastehet,
Will aus das sündige Geschlecht sie jäten.

Und wenn den Stolzen sie in Staub gebeuget,
Sie in die Lüfte hoch den Fittig schwinget;
Es hört der Mensch, wie dumpf sein Rauschen klinget,

Und angsterbleichend zittert er und schweiget.
Vor des Geschickes furchtbar mächtger Größe
Erbebt des Menschenfrevels schuldge Blöße.

Die Zeit.

Was ist der Strom, der keinen Ursprung kennet,
Und sich in keinen Ocean ergießet,
Der ohne Unterbrechung ewig fließet,
Deß Länge keine Zunge messend nennet?

Die Zeit es ist, die alle Dinge trennet,
Und doch im weiten Bett zusammenschließet,
Die in demselben Nu vergeht und sprießet,
Und mehr verzehrt, als Glut, die lodernd brennet.

Doch der die Allmacht vor nicht Gränze schreibet,
Der setzt der Mensch in seinem Innren Schranken
Durch seines Geistes Fühlen und Gedanken.

Denn was in ihm beständig gleich sich bleibet,
Das der Natur gemäße, stete Wollen
Läßt fort sich nicht vom Zeitenstrome rollen.

Dichtung und Leben.

Wo Menschengeist in höchster Höhe schwebet,
Und sich Geweb' aus Lieb' und Dichtung webet,
Da ihrer Stimme Töne leis erklingen,
Wenn zart sie reget der Begeistrung Schwingen.

Was seelenvoll der Sprache kann gelingen,
In süßer Harmonie hervorzubringen,
Das ihren Lippen tief bewegt entbebet,
Zum Busen dringt, und sich zum Himmel hebet.

Doch wie des Nebels Schleier duftig ziehen,
Und Lichter irrend in dem Dufte glühen,
So, was als innre Wahrheit sie empfindet,

Oft nicht Gediegenheit an Dauer bindet,
Und von des Lebens klug geschürztem Treiben
Mahnt edle Scheu nicht stets sie fern zu bleiben.

Des Sterbens Gewinn.

Dem Höheren sie treu und rein sich weihte,
Doch ging durchs Leben in ungleichem Streite,
Zu eitlem Tande oft herabgezogen,
Da sie im Herzen Tiefrem war gewogen.

So ward ums schöne Leben sie betrogen,
Und kämpfte hart mit schweren Schicksalswogen.
Eh sie sich günstigeren Umschwungs freute,
Ward sie des Schicksals früh entraffte Beute.

Doch ward vielleicht durch Sorge sie von oben
Der irdisch drohenden Gefahr enthoben,
Daß in dem zarten, innren Heiligthume

Sich selbst entfärbte die erschlossne Blume,
Da dem, was schmeichlerisch gefällig rauschet,
Mit zu nachgiebgem Ohre sie gelauschet.

Faust.

Durch alles Heiligste und Größte irret
Faust an des nächtlichen Gefährten Seite;
Was glänzt und stralet in des Weltalls Weite,
An seiner Phantasie vorüberschwirret.

Der Sonne Klarheit selber sich verirret
In des Gesellen tückischem Geleite,
Und Helena, schon der Verwesung Beute,
Wie morsches, klapperndes Gebein dumpf klirret.

Doch anders könnte durch des Erdballs Sünden
Ein rein entbrennendes Gemüth man führen,
Und doch der Hölle Schrecklichstes berühren.

Man muß das Wesen nur der Dinge finden.
Denn Tugenden entsprühn wie Steinesfunken,
Wenn Höllentücke wüthet gräueltrunken.

Die Falkenberge.

Bei Fischbach im Gebirge der Sudeten
Giebt es zwei schön bekränzte Zwillingshügel,
Abrundend sich am blauen Himmelsspiegel,
Halbmonden gleich, die Schöpferhände drehten.

Gestripp, aus Saamen, den dort Falken säten,
Aufstarrend Hemmung setzt dem Fuß und Riegel:
Ursprünglicher Natur jungfräulich Siegel
Sind die von reiner Lüfte Hauch Umwehten.

Doch wollen Menschenhände sie entweihen,
Mit Axt und Beil die üppgen Sträucher hauen,
Durchfurchend sie mit Egg' und Pflug bebauen,

Daß, wo sonst Unschuld der Natur gewaltet,
Jetzt Menschen-Eigenmacht und Laune schaltet,
So müssen sie die Doppelwölbung leihen.

Die Klamme.

Nur Spalte in den mächtgen Felsenmassen,
Die an einander stehen dicht gedränget
Von Feuers oder Wassers Kraft gesprenget,
Hat die Natur dem Wandrer hier gelassen.

Die Gipfel schwarzen Wald von Tannen fassen,
Der mit den Wurzeln in den Ritzen hänget,
Und tief ein Bach, von Klippen eingeenget,
Geht seinen Pfad, den schlüpfrig ewig nassen.

Nur wenn am heftigsten die Sonne glühet,
Und im Zenith des höchsten Mittags stehet,
Sie ihren Stral in diese Tiefe schießet;

Der Bach dann freudig voller sich ergießet,
Und wie mit tausend Sternen übersäet,
Aus jedem Tropfen eine Sonne sprühet.

Die Treue.

Als Knappe meinem Herrn auf seinen Zügen
Folg' ich, und treuer Muth den Arm mir stählet,
Doch meine Ahndung nicht es mir verhehlet:
Verscharrt werd' ich hier in der Wüste liegen.

Furchtlos mein Roß und ich zum Schutz ihm fliegen,
Wenn er zum Ziel die kühnsten Feinde wählet.
Sei mir der Tage letzter zugezählet,
Ich sterbe gern, seh' ihn ich herrlich siegen.

Das dürre Gras der Steppe wird mich decken,
Ein einsam Kreuz auf öder Haide stehen,
Und die, vorüberziehend, dann es sehen

Noch mein gedenkend, werden rühmend sagen,
Daß treu mein Herz in meiner Brust geschlagen,
Und freudig werd ich dann im Grab mich strecken.

Klarheit und Tiefe.

Wer in die wolkenlose Bläue schauet,
Je mehr er schauend sich darin versenket,
Sich desto reicher mit dem Balsam tränket
Der von der lichten Höh' hernieder thauet.

So wer sich ihrem Wesen fest vertrauet,
Und seinen Blick allein auf sie gelenket,
Der fühlte reiner stets und unbeschränket,
Wie Himmel sich in Menschenbusen bauet.

Denn wie der luftge Raum den Kreis begränzet,
In den anmuthig Land und Meer sich leget,
So war ihr Wesen, ruhig gleich gewäget,

Die Erde innig mit dem Saum berührend,
Allein von da zur Aetherwölbung führend,
Wie Sommernacht, von Sternen rings umglänzet.

Genius der Nacht.

Wenn sich der Abendsonne Stralen neigen,
In Nacht sich schwarz vertieft die heitre Bläue,
Und senkt den Geist süß in Beschauungsweihe,
Dann Leidenschaft und Sinnentäuschung schweigen.

Dann sicher, daß nichts blendend sie zerstreue,
Und Stille ihnen kühnern Aufflug leihe,
Empor Nachdenken und Begeistrung steigen,
Und Fülle göttlicher Gedanken zeugen.

Darum was an der Menschheit Gipfel reichet,
Man gern der sternumglänzten Nacht vergleichet.
Wenn sie den Fittig leise rauschend schwinget,

Der Ton im tiefen Busen wiederklinget,
Und Erdenwahn und Nichtigkeit entweichet,
So wie der Blick in dieses Dunkel dringet.

Die Anmuth.

Die Anmuth, die tief aus der Brust entspringet,
In sanfte Herzensgüte sich ergießet,
Und wenn die Lippe redend sich erschließet
Holdselig den Gedanken zart umschlinget, —

Die aus dem Ton der Stimme wiederklinget
Und aus dem Blicke mild entgegengrüßet,
Frei aus dem Tiefesten des Wesens sprießet,
Und niemals mühevoll mit Absicht ringet: —

Die war das Element, in dem sie lebte;
Wie einfach blüht versteckte Wiesenblume,
Bewahrte sie im innren Heiligthume

Der Unschuld Schatz und der Gefühle Fülle,
Daß sie in reiner, unentweihter Stille
Den reichen Teppich der Gedanken webte.

Corinna.

Sie lebet streng im Kreise ihrer Pflichten,
Sie weiß sie unverdrossen treu zu üben,
Fremd ist ihr eignes Hassen oder Lieben,
Sie hat nie Streit in ihrer Brust zu schlichten.

Gediegen ist und tüchtig stets ihr Dichten,
Sie wird durch Hofnung nie auf Lohn getrieben,
Ihr gnüget, wenn sie vorwurfsfrei geblieben
Von ihres eignen Busens ernstem Richten.

Daß Demuth rein aus ihrer Seele quille,
Ist sorgsam sie im einfachen Gemüthe.
Sie freuet sich der anspruchlosen Blüthe,

Die aus der Pflichterfüllung Ruhe sprießet,
Daß, wo sie hintritt, sich in ihr erschließet
Der Seele Frieden und der Glieder Fülle.

Die Legirung.

Das glänzendste der glänzenden Metalle
Ist Gold; es Helios Feuerlocken gleichet,
Und funkelnd es von Pol zu Pole reichet
Im Schimmer der gewölbten Sternenhalle.

Doch in Selenens sanftrem Stralenballe
Mit Silber es gepaaret mild erbleichet,
Und erst mit dem, was ihm an Adel weichet,
Gemischt, macht Kunst, daß es als Schmuck gefalle.

So ist des Menschen Treiben auch und Sinnen;
Die, wie aus unvermischtem Erz gegossen,
Nicht sind von schmeidigerem Stoff durchflossen,

Zu starr und spröde sind für irdisch Streben.
Ein wenig Zusatz schon verlangt das Leben,
Wenn es soll Reiz und Leichtigkeit gewinnen.

Der Ritter.

Der Ritter will grad' in den Bügel steigen,
Sein stämmig Roß hält schon den Fuß gehoben,
Da winkt ein Mönch aus seiner Zelle oben.
Er geht hinauf in ehrfurchtsvollem Schweigen,

Und vor dem Mönch sich seine Knie beugen
Nach abgenommnem Helm. Nicht schmeichelnd Loben
Vernimmt er: heilgen Eifers heftig Toben,
Daß Sünden noch sein Herz und Wandel zeigen,

Und kehren soll er zu des Mittags Stunde.
Er weiß sein Herz in Demuth still zu fassen,
Er küßt des Alten dürre Hand gelassen,

Und lenkt sein Roß zum Rückweg, wie befohlen,
Nicht seiner Seele milden Trost zu holen,
Nein, zu erneuen schwerer Kränkung Wunde.

Wurzeln und Zweige.

Wenn man die Zweige, die dem Baum entsprießen,
Den Stamm umkehrend, in die Erde senket,
Und ihn aus frischem Quelle nährend tränket,
Als Wurzeln tief sie in den Boden schießen.

Denn Luft und Licht, die freundlich sie umfließen,
Den Blättern Farb' und Form und Frische schenket,
Doch wenn die Tiefe zu sich hin sie lenket
Sich ihre Schatten falb um sie ergießen.

So mir auch süße Lebenswonne blühte,
Als mir an ihres Busens mildem Frieden
Der Glanz beglückter Tage heiter glühte.

Doch jetzt ich meine grün umsproßten Zweige,
Da sie ist aus dem Kreis des Lichts geschieden,
Als Wurzeln zu der Nacht der Tiefe neige.

Die Jungfrau Israels.

Mit Stolz ich auf die Nachbarvölker blicke,
Weil uns der Herr zu seinem auserwählet,
Und Juda's Flammenschwert mit Kraft gestählet
Zu bändigen der Heiden freche Tücke.

Die Blume reiner Frömmigkeit ich pflücke,
Und uns kein Segen der Verheißung fehlet;
Drum Davids heilger Harfe laut vermählet
Zum Dank empor ich meine Stimme schicke.

Wenn auch zerstört sind Zions Tempelmauern,
Und wir, zerstreut in alle Länder, trauern,
Doch edler Stolz in unsrem Busen glühet.

Denn bis zur Weltzerstörung Zorngerichte
Doch in der völkerwägenden Geschichte
Rein unvermischet unser Zwölfstamm blühet.

Die sieben Rischis.

Der Bärin sieben helle Sterne lohnen,
Glaubt man am Ganges, jenen heilgen Weisen,
Die, zugesellet zu der Götter Kreisen,
In Indras lichtumglänztem Himmel wohnen.

Ihr wisset nichts von jenem eitlen Thronen
Von Wesen, welche Wahn und Dichtung preisen;
Ihr, Welten, rollt in weitgeschiednen Gleisen,
Kein Band umschlingt euch in den Aetherzonen.

Der Welt Atome auseinandergehen,
Und wenn Gestalt soll und Begriff erstehen,
Muß sie zu einigen dem Geist gelingen:

Doch auch in unvermischten Daseins Reinheit
Giebt es unsichtbar wesenhafte Einheit,
Und der zu nahen, muß der Mensch vollbringen.

Entflohne Phantasien.

Ihr seid entflohen, goldne Phantasien,
Die mich in Dichtung tiefer Rührung ziehen,
Und da von Wehmuth sie sind trüb' umfangen,
In doppelt fesselnder Begeistrung glühen.

Ihr kennt nach euch mein seelenvoll Verlangen,
Wißt, wie mir süß stets eure Stimmen klangen,
Wie mir des Lebens Glück und Sinn still blühen
Im schüchternen Erröthen eurer Wangen.

Ihr kehrt, und werdet niemals mich verlassen.
Wie ein Gestirn der Nacht zurück sich ziehet,
Und eine Zeit in Tagesglanz verblühet,

Von mir so weichen eure scheuen Schritte;
Doch in der innersten Gefühle Mitte
Laßt plötzlich ihr mich wieder euch umfassen.

Frauenliebe.

Wie Blumenstaub auf Lilienblättern lieget,
Und seinen Duft weit in die Luft verstreuet,
In Frauen also, zart und unentweihet,
Ist Neigung, die die Seele leis anflieget.

Sonst sich die Brust in schöner Ruhe wieget,
Und Denken sonnenklar an Denken reihet,
Dem Himmelslicht die Schwanenreinheit leihet,
Die jeder Färbung Schattenhauch besieget.

Ist auch die Neigung fein wie Nebelschleier
Gewebt, hält doch sie fest wie Demantketten.
In Weibes Treu kann man sich sicher betten,

Und was in süßer Liebe Wonneschmerzen
Ist einmal eingewachsen ihrem Herzen,
Bleibt ihr für alle Ewigkeiten theuer.

Der Ring.

Der Reifen, der den Finger zart umschließet,
Wenn auch von Gold, ist Sinnbild einer Kette.
Doch wenn als Pfand er der Geliebten grüßet,
Wer nicht entzückt ihn dann empfangen hätte?

Er Wonne in den stillen Busen gießet,
Und folgt dem Treuen in des Grabes Bette;
Kaum Sorge je im wunden Herzen sprießet,
Von der ein Blick auf ihn uns nicht errette.

Wenn die Geliebte weilt im Schattenlande,
Verbürgt der Ring noch an des Lebens Rande,
Daß sich einander nach die Seelen ziehen.

Denn unauslöschlicher Gefühle Glühen
Und reiner Sehnsucht heilig Funkensprühen
Stets schmieden wieder neuen Schicksals Bande.

Das ewige Sonett.

Die Berge stehen weiß im tiefen Norden,
Die Seen fest wie hellpolirter Spiegel,
Wenn in des Südens Milde längst die Hügel
Der Bäume Blätterspitzen grün umborden.

In wüsten Steppen ziehen wilde Horden,
Nicht kennend des Gesetzes weisen Zügel,
Wenn Völker längst auf der Begeistrung Flügel
Den Göttern im Olymp sind gleich geworden.

Auch Menschenbusen ist reich angebauet,
Mit Geist genährt, von Dichtung sanft bethauet,
Und sich erfreuend lieblich üppger Fülle.

In meiner Brust es ewig falb nur grauet,
Und daß aus Leere trostlos Leere quille,
Bewirket tödtende Gedankenstille.

Zwei Sterne.

Der Mensch wohl gehet im gewohnten Gleise,
Und klar besonnen hin und her sich drehet
Im weiten ihm gelassnen Lebenskreise;
Doch plötzlich Sturm aus tiefer Brust her wehet.

Nun gilt nicht mehr die selbstgewählte Weise,
Die Saamen sich für künftge Ernte säet.
Wie ankerloses Schiff auf Meeresreise,
Kein Ziel er, keiner Küste Land erspähet.

Ihm hilft kein Streiten und kein zögernd Sträuben,
Er muß herum sich lassen spurlos treiben,
Wohin der Sturm ihn, blindlings rasend, jäget,

Nach Süd und Nord und Ost und West verschläget,
Bis die geschwellten Segel wieder sinken,
Und ihm zwei Sterne fernher Ruhe winken.

Stella.

Wer setzt da mit dem Sterne auf dem Haupte
In stillem Gleichgewicht die kräftgen Schritte?
Es geht der Fuß; um Kopf und Leibesmitte
Ist's als wenn streng Gesetz Bewegung raubte.

Seit Helios Viergespann entgegen schnaubte
Dem Tag, folgte der Gang, nach Karyatiden-Sitte,
In unermüdet angestrengtem Tritte
Dem Irrpfad, den des Sternesstral erlaubte.

Zwiefache Menschenart ist weit geschieden:
In Finsterniß die eine wallt hienieden,
Die andre auf dem Haupt den Stern hell träget,

Und ein die sterngelenkten Wege schläget.
In jener um die Lust oft Gram sich leget;
In dieser auch im Schmerz blüht ewger Frieden.

Kypris.

Entsprungen Kypris war aus Meeres Schaume,
Aufblühend aus den leichtbewegten Wogen,
Dann durch Gespann von Schwanen-Silberflaume
Hin durch den Sonnenglanz der Flut gezogen;

Und sie empfangend an des Meeres Saume
Entführten Tauben sie zum Aetherbogen.
Da ewig wohnt sie in dem Götterraume,
Und Jovis Haupt der Tochter winkt gewogen.

Auch Erdenliebe also sich gestaltet;
Aus süßem Traum gestaltlos erst gewebet,
Sie dann in holdem Menschenbilde lebet,

Im irdschen Busen Göttliches erzeugend,
Und endlich auf zum reinen Himmel steigend,
Wo sie durch alle Ewigkeiten waltet.

Macht und Ohnmacht.

Was Feuer wild in Felsgebirg' erzeuget,
In ungeheuren Massen aufgeschichtet,
Daraus Gestalt hervor dem Künstler steiget;
Die edle Form den rohen Stoff vernichtet.

Der starre Stein der seelenlos sonst schweiget,
Sich lebend nun an den Beschauer richtet.
Vor dem Gedanken die Natur sich beuget,
Und sich vor seinem Licht in Felsnacht flüchtet.

Des Lebens innre Kraft den Tod besieget.
Wie mächtig Stein an Stein sich enge füget,
Der Pflanze quillend Wachsen sie zersprenget.

Allein das Leben auch dem Tod erlieget.
So ist der Sterbliche in Loos gezwänget,
Wo Sein und Nichtsein wechselsweis sich dränget.

Paros.

Als Hellas Ruhm noch nicht war ganz gefallen,
Da hörte man in Paros Bergesklüften
Die Klänge des geschäftgen Meißels schallen,
Und ihre Marmorfelsen fernhin schifften.

Denn hohes Bildwerk heilger Tempelhallen
Entstieg den jetzt in Nacht begrabnen Grüften,
Wo kunstlos heut die dürftgen Wohner wallen,
Und Wild graf't einsam auf den öden Triften.

Wenn deiner Fackel Licht sich hell entzündet,
Athene's Abglanz, bildender Gedanke,
Wie mächtig auch es die Natur umranke,

Aus ihrem Schooß das Schöne los sich windet.
Wenn du nicht krönst sein sehnendes Verlangen,
Hält ewig sie in Dunkel es gefangen.

Das Unwiederbringliche.

Die schönen Tage sind dahin gegangen,
Wo uns Albano freundlich sah vereinet;
Wenn je uns jene Sonn' auch wieder scheinet,
Stillt nicht, wie damals, sie der Brust Verlangen.

Was war, kann niemals wieder man empfangen.
Das Schicksal mit dem Menschen streng' es meinet,
Und was sein Ausspruch einmal hat verneinet,
Gewähret nie es thränbenetzten Wangen.

Denn Zähren würden sich dem Aug' entstehlen,
Wenn wir die theuren Häupter sähen fehlen,
Die damals glänzeten in unsrem Kreise,

Und zu des Aethers Räumen aufgestiegen,
Nun schlürfen, nach der alten Götter Weise,
Unsterblichkeit in langentbehrten Zügen.

Blinder Gehorsam.

Frage.

Warum hier stehst du, wie granitne Säule,
Daß starr nur vor sich hin die Augen sehen,
So wie in Sonnenbrand und Sturmeswehen
Brahmane steht, als ob er Schmerz nicht theile?

Antwort.

Der Brahme steht zu seinem Seelenheile,
Daß, wie die Wesen sich der Sinne drehen,
Gefühl und Denken ihm in Nichts vergehen;
Ich aus Gehorsam unbewegt hier weile.

Frage.

Doch der Gehorsam sich auf etwas gründet?

Antwort.

Ein fester Grund ist pflichtgemäßes Müssen.

Frage.

Doch wer Gehorsam noch so streng auch übet,
Kann doch die Gründe des Befehles wissen?

Antwort.

Durch Grübeln der Gehorsam wird getrübet,
Die ächte Pflicht gehorchet und erblindet.

Der Osten.

Wo stralend her die Sonne kommt geschritten,
Ist das Geschlecht der Sterblichen entsprungen.
In früher Urwelt kindlich reinen Sitten
Wird lieblich da ihr erstes Sein besungen.

Zuerst hat dort der Mensch sich kühn erstritten
Unsterblich Licht, dem Dunkel abgerungen,
Und ist mit leis geschwungnen Geistertritten
Bis zu der Gottheit Wesen vorgedrungen.

Drum dorthin sich des Abends Blicke wenden,
Und suchen dort des Urlichts freudge Stralen;
Doch die oft schwachen Glanz nur aufwärts senden,

Und den Tribut dem Zeitenwechsel zahlen.
Denn wie am Himmel wechselnd Wolken ziehen,
Muß vor dem Dunkel oft das Licht entfliehen.

Der Schmerz.

1.

Wie gehst du so beherzt den Pfad der Schmerzen,
Als fühltest nicht du deine Thränen rinnen?

2.

Da ich in Schmerz mein Leben muß abspinnen,
Soll er mir meines Himmels Glanz nicht schwärzen.

1.

Wie Gaukler kühn mit giftgen Schlangen scherzen,
Glaubst über ihn den Sieg du zu gewinnen.

2.

Wer Stärke schöpft aus ruhig tiefem Sinnen,
Läßt duldend nagen ihn am wunden Herzen.

Die Zeit rauscht hin in Wonn- und Schmerzenstagen,
Und Heil bringt, was zurück von beiden bleibet;
Doch segensvoller ist des Schmerzens Zagen.

Wem es des Lebens Prüfungsblick erweitert,
Und seines Busens tiefste Gründe läutert,
Der keinem Schicksal sich entgegen sträubet.

Der Süden.

Wo wolkenlos des Hundssterns Gluten brennen,
In sandger Wüste Schatten nirgends kühlet,
Da dumpf gedrückt der Völker Brust sich fühlet;
Sie Gottheit nicht, noch Menschenrecht erkennen.

Doch freudig streckt der Leu der Klaue Sennen,
Und in der Brust der blutgen Beute wühlet,
Der Tiger katzenartig mit ihr spielet,
Und Mensch und Wild dem Tod entfliehn nicht können.

Die Glut, die siedend in Vulkanen kochet,
Das fruchtbarste der wilden Elemente,
Im heißen Pulsschlag da der Thierheit pochet;

Vom Boden, der das Dasein ihm gegeben,
Sich da des Menschen Geist nicht edel trennte,
Zum Himmel, kühnen Schwungs, sich zu erheben.

Der Westen.

Wie weitumlaubten Baumes kühler Schatten
Versammelt traulichen Gespräches Feier,
So tritt die Wahrheit aus dem Erdenschleier
Da, wo der Sonne Stralen sanft ermatten.

Mit Kunst sah Hellas lieblich sie sich gatten,
Durch süße Anmuth jedem Herzen theuer.
In Latium strömt' ihres Ernstes Feuer,
Und festern Stoff sie ihr geliehen hatten.

In beiden Sinnen drang in alle Tiefen
Der Brust und der Natur, und rief ins Leben
Gefühle, die sonst dumpf begraben schliefen.

So Licht und Klarheit, geistig lodernd, schweben,
Wo sich zum Niedergang die Sonne wendet.
Denn Himmelsstral flammt auf, wo irdscher endet.

Der Norden.

Des Nordens Völker nicht bloß Mannheit üben,
In ihnen jeder Zweig des Denkens blühet,
Und Dichtung ihre Götterfunken sprühet,
Wo Winternebel grau den Himmel trüben.

Aus Hellas durch Barbarenschwarm vertrieben,
Der alles Licht mit Dunkel überziehet,
Ermattend in Hesperien ausgeglühet,
Des Geistes Flammen Thuiskons Stämme lieben.

Jenseits der Alpen bis zum Meeresstrande,
Vom Land, das schwellend blau die Flut umgränzet,
Sich schlingen nun des Geisterreiches Bande

Bis zu des Ganges stammverwandten Lauten.
Da seines Tagens erste Schimmer grauten,
Hier hell sein Licht in vollem Mittag glänzet.

Das Verstummen.

Wenn theures Haupt wird durch den Tod entführet,
Was da das Herz mit tiefrem Schmerze rühret,
Daß nicht die Stimme mehr das Ohr entzücket?
Das Auge die Gestalt nicht mehr erblicket?

Der Sehnsucht Glut die Stimme heftger schüret,
Und nie der Ton dem Ohre sich verlieret.
Ist er, verstummt, auch lange ihm entrücket,
Erinnrung aus dem Grab herauf ihn schicket.

Er ist der Seele eigentliches Leben,
Und wieder in der Seele Tiefen bringet,
Und was geheimnißvoller Schleier decket,

Zu neuem, wonnevollen Dasein wecket.
O möcht' in stiller Nacht er, leis beschwinget,
Her mir von unsichtbarer Lipp' auch beben.

Das Verschwinden.

Doch sehnsuchtsvoll nach dem geliebten Bilde
Das Herz sucht wieder dann in andren Stunden,
Und glaubt zu heilen seine tiefen Wunden,
Kehrt' es nur einmal in des Lichts Gefilde.

Der seelenvollen Züge Engelsmilde
Ließ sonst von jedem Leid es gleich gesunden;
Nun ist auf ewig sie dahin geschwunden,
Dient ihm nicht mehr zum sichren Lebensschilde.

Wenn auch die Lippen waren fest geschlossen,
Drang doch der Blick mit süßer Himmelswonne
Tief in die Brust, und wie von Frühlingssonne

Sich seine Stralen über sie ergossen.
Denn in der sprachlosen Gefühle Schwunge
Von selbst verstummete beschämt die Zunge.

Der Weisheit Ziel.

Nur daß im Leben Eines ihm gelinge,
Der Weise strebt, um Andres unbekümmert,
Wie auch sein Glanz dem Auge, lockend, schimmert,
Daß ein er in des Daseins Dunkel bringe.

Denn alles Wissen hängt an diesem Ringe,
Am Sein, das keine Endlichkeit zertrümmert,
Und keine Sinnentäuschung trüb' umflimmert,
Das am Beginn und Ende steht der Dinge.

Was uns Bewußtsein heißt, schwebt in der Mitte,
Zum Anfang rückwärts führen keine Schritte.
Allein die Kraft nur in dem Ursein lieget,

Die sinnend doch des Endes Nacht besieget,
Dann, wann der Geist, in Einsamkeit entrücket,
In seiner Tiefe Reinheit sich erblicket.

Die Baguette.

Da Alles, was umgiebt mein innres Leben,
Ich flecht' in schnell verblühende Sonette,
Muß ich vor Allem auch in sie verweben
Dich, Ernst und Spiel, leicht wiegende Baguette.

Wenn Wichtiges ich glücklich wollt' erstreben,
Zurück ich niemals dich gelassen hätte,
Wenn mich Gedanken sollten still umschweben,
Umschaukeltest du ihre schwanke Kette.

Doch wie wer lang' auf hohem Meer geschweifet,
Daß endlich er Gefahr und Arbeit meide,
Das Ruder müde heftet in die Erde;

So ich, Baguette, oft jetzt von dir scheide,
Und bald dich also niederlegen werde,
Daß niemals meine Hand nach dir mehr greifet.

Der Komet.

Wird deines Schweifes Schimmer zu erblicken,
Mein Auge noch das Licht des Tages schauen?
Wird, wenn uns deine Stralen nahe rücken,
Mein Antlitz schon des Grabes Nacht umthauen?

Dem Menschen wechselnd Loos die Götter schicken.
Er kann auf sichre Felsen niemals bauen;
Der Fels auch fühlt der Erde krampfhaft Zücken.
Auf deinen Lauf kann die Sekunde trauen,

Du gehst, gleich todtem Weltenuhrenrade,
Die vom Gewicht dir zugewägten Pfade.
Dem Menschen Freiheit wählt die eignen Bahnen,

Wo Leidenschaft ihn treibt, ihn Pflichten mahnen.
Sie führt ihn jenseits auch der Erdengränzen,
Wo oft ihm kann dein lichter Pfad noch glänzen.

Wahre Größe.

Wer nie die Trockenheit des Lebens fliehet,
Phantastisch nicht mit luftgen Bildern spielet,
Die aus sich selbst er sinnig webend ziehet,
Der doch des Menschen Dasein halb nur fühlet.

Ihm nicht der Gluten zarter Funken sprühet,
Der lodernd Sehnsucht weckt und Sehnsucht kühlet.
Er mit den Lasten sich des Lebens mühet,
Und in dem harten Stoff der Dinge wühlet.

Doch kann er bieder, wahr, gerecht, gediegen,
Durch jede Tugendübung mächtig siegen.
Bewundernd ihn der Ruhm der Menge nennet;

Wer tiefer schaut, von Großem Größres trennet.
So warest du, den ich geehrt mit Schweigen,
Doch vor dem nie mein Geist sich konnte beugen.

Der Rhein.

Als ich, o Rhein, dein tiefes Grün erblickte,
Da mir die Jugend noch des Lebens blühte,
Mich rein empfundne Liebe noch beglückte,
Obgleich mir Gegenliebe mild nicht glühte.

Mein Loos mich deinen Ufern dann entrückte,
Und in dem wund zerrissenen Gemüthe
Mein Innerstes der bittre Schmerz durchzückte,
Daß ich vertraute kaum der ewgen Güte.

Da mir begegnet' auf einsamen Wegen
Noch heiligeren Wesens Engelwalten,
Und süßer Lieb' und Gegenliebe Regen

Hat mich mit Himmelsseligkeit erfüllet.
Doch jetzt getrennt ich leb' hier gramumhüllet
Und sie wird fern im kalten Haus gehalten.

Die Tänzerinnen.

Wenn auf der Bühne wir uns wirbelnd drehen,
Anmuthig schlingend eng verflochtne Kreise,
Nur Spiel und leichte Scherze uns umwehen,
Doch Ernsteres erkennt darin der Weise.

Er, dessen Blicke nach Verborgnem spähen,
In unsrem Tanz sieht der Gestirne Gleise.
In gleichen Kreisen und Ellipsen gehen
Hier unser Fuß, dort jener Aetherreise,

Und beide uns beherrscht des Rhythmus Walten,
Der, gleich gemessen, steigt und wieder sinket,
Dort mit den Sternen hoch den Aether trinket,

Hier sich in unsrer Busen Tiefe senkend,
Uns lehrt, mit Strenge unsre Schritte lenkend,
Daß wir gehorchen höheren Gewalten.

Die Phantasie.

Das Leben ist an Möglichkeit gebunden,
Und ihre Gränzen sind oft eng gezogen;
Der Freude Maaß wird spärlich zugewogen,
Des Leidens Knäuel langsam abgewunden.

Allein der Mitternacht geheime Stunden
Sind günstiger dem Sterblichen gewogen,
Wer um des Tages Glück sich fühlt betrogen,
Der heilt im süßen Traum des Wachens Wunden.

Die Phantasie da ungefesselt schweifet,
In Erde Himmel, Erd' in Himmel greifet;
Was kämpfend Ringen hätte nie erstritten,

Läßt sich von sanftem Traumgebild' erbitten,
Und wenn der Schlaf entflieht, die Sterne bleichen,
Doch Nachgenuß nicht und Erinnrung weichen.

Das Schiff.

Leicht gleitet schnellen Schiffes Flutdurchschneiden,
Wenn günstig es geleiten Wind und Wellen,
Der silberweißen Segel busig Schwellen,
Das frische Wehn erfüllt das Herz mit Freuden.

Doch in noch leichteres Gewand sich kleiden
Der Wolken duftig fein umschriebne Quellen,
Wenn schwimmend sie das dunkle Blau erhellen,
Bald sich vermischen, bald gethürmt sich scheiden.

Der Seele also wachsen auch die Flügel,
Wenn sich erschließen ihr der Erde Riegel,
Und sie, von ihrem Drucke frei, sich hebet.

Doch regellos sie, wolkengleich, nicht schwebet;
Geleitet an der ewgen Ordnung Zügel,
Sie den Gesetzen nach der Sterne strebet.

Das fremde Land.

Wenn man verläßt der Erde reizend Grünen,
Die Schritte sich zum Felsensteg erkühnen,
Und man erklimmt die hohen Bergessitze,
So starret rauh von Schnee die öde Spitze.

Wenn, wohin nie der Sonne Stralen schienen,
Man tief sich senkt in Schachtes nächtge Minen,
Den Boden spaltend, wie mit Jovis Blitze,
Steht kalt Gestein in harter Erdenritze.

Und doch auf Erden kein Entschlafner bleibet,
Der Tod ihn fort von diesem Lichte treibet;
Wo wird ein schönres Land ihm neu erblühen?

Von uns weiß Niemand, wo es ist gelegen,
Und Forschen ist umsonst nach seinen Wegen;
Doch schön Gemüth wird Schönes an sich ziehen.

Der Weg der Pflicht.

Was in das dunkle Haar ich hier mir flechte,
Das wisset ihr nur, hohe Himmelsmächte.
Ich winde fest hinein mit treuen Händen,
Was ihr mir möget für Verhängniß senden.

Still übergeb' ich meiner Leitung Rechte.
Wenn meine Treue je mir Unglück brächte,
Würd es sich doch in Seelenfrieden enden;
Der Weg der Pflicht kann nur zum Heil sich wenden.

Was gegen Recht kann Widerstand auch frommen?
Durch Schuldigkeit wird ihm die Kraft genommen.
Ein fester Sinn ihn siegend überwindet

Und das Gemüth in seinem Innern bindet,
Daß, wie die Sterne um die Sonne gehen,
Es nicht dem mächtigen Zug kann widerstehen.

Der Ocean.

Mein Geist jetzt viel im Oceane lebet,
Wo Eiland sich an Eiland fröhlich dränget,
Das Meer ist zwischen ihnen oft beenget,
Und vor verborgnem Riff der Schiffer bebet.

Sonst hat mein Forschen ernster nachgestrebet
Dem kleinern Meer, von Küsten eingezwänget,
Wo nicht die Sonne tropenartig senget,
Und Vorzeitsweihe edlen Geistes schwebet.

Wo sich gewaltig die Natur ergießet,
Und ihre Fülle üppig überschwanket,
Von ihren Armen weichlich da umranket

Des Geistes Kraft sich männlich nicht erschließet.
Von kühlern Windes frischem Hauch umwehet,
Gedeiht in Stärke, was die Stärke säet.

Des Lebens Waage.

Wenn mit gerechter Waage streng man wäget,
Was man geleistet hat im langen Leben,
Ist's viel, wenn man hat Großes angereget,
Wenn man es auch nicht konnte ganz erstreben.

Denn der Gedanke dann doch Fackel träget,
Und Licht erzeugt, das kann zur Nachwelt schweben;
Der Keim doch in den Boden Wurzel schläget,
Wenn auch sich Blüthen noch nicht froh erheben.

Und doch gekochet hat des Busens Schwellen;
Bis zu der Menschheit tief verborgnen Quellen
Ist ahndend das Gefühl hinabgestiegen,

Die, einmal ihm erschlossen, nie versiegen.
Wo aber Dunkel unerforscht noch liegen,
Da wird sie neues, höh'res Sein erhellen.

Das Ei.

Ihr, die ihr einst aus Leda's Ei entsprungen,
Ihr Schwestern der erhabnen Tyndariden,
Euch haben edle Dichter oft besungen,
Doch Männer hätten besser euch gemieden.

Du, Klytemnestra, hast den Dolch geschwungen,
Wild störend stillen Hauses tiefen Frieden;
Dir, Helena, ist Meeresflucht gelungen,
Du hast vom Gatten strafbar dich geschieden.

Ihr hattet nicht an Mutterbrust gesogen,
Wie es gebührt dem menschlichen Geschlechte;
Aus todtem Ei unwirthlich großgezogen,

Verkanntet ihr der Menschheit edle Rechte.
Nur was die Brust der Mutter mild einhauchet,
Den Menschen wahrhaft in die Menschheit tauchet.

Der Morgengruß.

Wohl anmuthsvolle Morgen kann es geben,
Die hold das Sonnenkind, den Tag, beginnen,
Wo man mit frischem Geist und regen Sinnen
Glaubt anzufangen himmlisch neues Leben.

Doch schönere herauf nie werden schweben,
Als meiner Jugend Glück ließ mich gewinnen.
Wie Jahre hin nach langen Jahren rinnen,
Wird mir entgegen stets die Stimme beben.

Wenn sie in meine Kammer kam gegangen
Und schloß die Thüre, die sie zu mir führte,
Und dann ihr: Morgen, Bill! so frisch mir sagte,

Dann wahrhaft es in meinem Busen tagte,
Und Flammen sie mir, ewig lodernd, schürte,
Die jetzt mit Thränen netzen meine Wangen.

Der Spruch Hesiods.

Daß mehr die Hälfte, als das Ganze, zählet,
Der Spruch Hesiods, hat sonst mich oft gequälet;
Das Ganze, dacht' ich, muß doch mehr umfassen,
Als für die Hälfte es zu überlassen.

Doch seit ich Viertelstunden mir erwählet,
In welchen keine Wahrheit wird verhehlet,
Hab' ich gelernt die ganzen Stunden hassen,
Die zu dem Tande nur der Erde passen.

Durch Engelsgüte hab' ich sie empfangen,
Und alle meine Geisteskräfte rangen,
In ihre Tiefen ganz mich zu versenken,

Und mich an ihrem ewgen Quell zu tränken.
Das Licht, das da mir stralend aufgegangen,
Wird meinen Pfad noch überm Grabe lenken.

Des Lebens Ausgang.

Nach nichts mehr von der Welt geht mein Verlangen,
Nur nach dem Ausgang meine Augen sehen.
Mir süßer ist's, wenn Weste linde wehen,
Doch macht auch Sturmes Toben nicht mich bangen.

Wie sonst wohl sehe die Natur ich prangen, —
Um meiner Freuden höchste ist's geschehen;
Doch mir im Geist Gestalten auferstehen,
Die lieblich sich um meine Jugend schlangen.

Noch in dem letzten Augenblicke sollen
Sie mich in heitrer Anmuth süß umgeben.
Daß beide Leben sanft zusammenschweben,

Muß man der Erde treue Liebe zollen,
Und muthvoll Geist und Blick erheben,
Der Ewigkeit Erwartung aufzurollen.

Heilsame Zucht.

Man ziehet straffer an des Schülers Zügel,
Bewegen muß er sich in engem Kreise,
Arbeiten auf die vorgeschriebne Weise,
Und wenn er abschweift, kürzt man ihm die Flügel.

So mühvoll er erklimmt des Wissens Hügel,
Bis frei er gehn lernt in der Forschung Gleise,
Und wenn er litt erst, wird belohnt mit Preise,
Und endlich löst der Weisheit ächtes Siegel.

Die bis zu ihr aufragenden Gedanken
Bedürfen fest bestimmt gezogner Schranken;
Des Geistes Fesseln seine Flügel werden.

Die Schönheit nur entspringt aus Formenstrenge,
Die Wahrheit aus des tiefen Spähens Enge,
Und Freiheit fessellos nie frommt auf Erden.

Irdisches Treiben.

Ein schwimmend Eiland wohl ein Schiff man nennet,
Denn rings ist es von Wogenflut umgeben,
Und Felsen gleich, die übers Meer sich heben,
Die Menschen, wahrend, es vom Wasser trennet.

Doch nicht der Feste Sicherheit es kennet.
Leicht muß es auf der Wellen Rücken schweben,
Und selbst die felsenharten Herzen beben,
Wenn aufgewühlt der Stürme Wuth entbrennet.

So ist von himmelströmenden Gedanken
Im Erdgewühl des Menschen Brust umflossen,
Und in des Wandeldaseins irrem Schwanken

Erblüht Gefühl an ewgem Quell entsprossen.
Doch unerschüttert fester Seelenfrieden
Ist nur der Götter ehrnem Sitz beschieden.

Petrarca.

Petrarca, den der Liebe Dichter nannte
Die Welt, die wahre Liebe doch nicht kannte;
Sie oft ihm heißt ein menschlich süßes Irren,
Wahnbilder ihm den klaren Sinn verwirren.

Den Stral der Wahrheit mir ein Gott erst sandte,
Als Liebe sich erbarmend zu mir wandte.
Erst da befreit von blöder Augen Flirren,
Sah ich nicht mehr mich Weltgebild' umschwirren.

Erhabnere und reinere Gestalten
Dem wüsten Chaos sonnenhell entstiegen,
Und alle Stürme der Begierden schwiegen

Vor höheren Gefühles heilgem Walten.
Denn Liebe, süß vermählt mit stiller Treue,
Gab jeder Erdenregung Himmelsweihe.

Entschuldigung.

Mit Unrecht, Verse, nenn ich euch Sonette,
Da ihr nicht schlinget in gleich engem Kreise
Der Wechselreime leicht gewundne Kette,
Mehr folgend freier, selbst gewählter Weise.

Mein Ohr und Sinn es freilich lieber hätte,
Ihr bliebet in Hesperiens Wohllautsgleise,
Doch den Gedanken auf Prokrustes Bette
Mußt ich einpassen seinem Reimgehäuse.

Dem wahren Dichter ists allein gegeben
Daß, aus einander wie von selbst entsprungen,
Sprachfessel und Idee zusammenstreben;

Umsonst von Mühe wird danach gerungen.
Ich folge nur dem Trieb, in leichte Schranken
Zu heften frei hinströmende Gedanken.

Der Schwan.

Wenn auf Kaykos Flut die Schwäne ziehen,
Gleich Segeln, hohl die weißen Flügel schwellen,
Dann wölben stolzer sich des Stromes Wellen,
Und freudig schäumend ihren Zug umsprühen.

Denn Glanz und Weichheit dem Gefieder blühen,
Und sich dem Löwenmuth der Brust gesellen;
Des Wassers Blau die schwimmenden erhellen,
Wie hoch die Wolken Luna's Silberglühen.

Und wenn sie fühlen sich das Leben enden,
Den Tod mit Zaubertönen sie begrüßen,
Und erst des Busens Fülle dann erschließen;

Die Zunge nicht voreilig eitel stammelt,
Nur was gereift das Leben aufgesammelt
Sie todbegeistert in die Lüfte senden.

Friede mit dem Schicksal.

Wenn einmal ist des Lebens Kreis gezogen,
Das Maaß des Glücks und Leidens zugewogen,
So frommt es nicht, selbst davon abzuschweifen,
Noch mitleidsvoll von außen einzugreifen.

Wie die Gestirne gehn am Himmelsbogen,
Wie rauschen auf und ab des Meeres Wogen,
So muß der Mensch in seinem Dasein reifen,
Die Brust an seines Schicksals Fels abschleifen.

In lang geprüfet durchempfundnen Jahren,
Wo wechselnd Glück und Schmerz mir war beschieden,
Hab' ich es still ergeben so erfahren,

Und wer des Lebens Odem zieht hienieden,
Darf vom einmal Verhängten nichts sich sparen
In seiner Schickung engem Gleis zufrieden.

Stella.

Wirst du herab zu mir heut, Stella, steigen?
Willst du, daß ich die Nacht umsonst hier weile?
Ich stehe starr, wie erzgegossne Säule,
Und warte dein in ehrfurchtsvollem Schweigen.

Ihr hohen Sterne seid mir ewge Zeugen,
Daß ich mich sehne nicht nach andrem Heile,
Und kein Verlangen im Gemüthe theile,
Als meinen Willen deinem Wort zu beugen.

Stella.

Ich steig' herab zu dem gewohnten Gange,
Die Brust in nächtger Frische süß zu baden,
Wohin die Trümmer mich der Vorzeit laden,

Die nur noch lebt in edler Dichter Sange;
Und schon bereit, mich zu empfangen, stehet
Der Fuß, der nur, wie ich ihn lenke, gehet.

Irdischer Zwiespalt.

Demetern wir in reiner Demuth dienen.
Wir sehen zwar des Himmels goldne Sterne;
Doch Geist und Busen niemals sich erkühnen
Zu schweifen in so ungemessne Ferne.

Denn daß der Furchen Saaten fröhlich grünen,
Gehören wir der Erde dunklem Kerne,
Und unsres niedren Looses Schmach zu sühnen,
Ziemt uns, daß unsre Brust nicht Zucht verlerne.

Die Erde, wenn nicht Licht ihr Helios sendet,
Dem Himmel zu die finstre Scheibe drehet,
Und Tagsgeschlecht, mit Arbeit ringend, träget,

Das sich in enggezognem Kreis beweget,
Und Thränen erntend, wo es Mühe säet,
Dankopfer doch der Götter Tempeln spendet.

Freiheit und Gesetz.

Die Menschen der Natur die Form gern geben,
In der sich regt ihr enges geistges Leben,
Und ihre Blicke sich im Stillen freuen
An schöngepflanzter Bäume langen Reihen.

Doch der Natur aufwuchernd üppges Leben
Ist ein verwirrtes Durcheinanderweben;
Wie Wind und Zufall blind den Saamen streuen,
So Wies' und Feld den bunten Schmuck erneuen.

Denn selbst was kreist nach ewigen Gesetzen,
Die keiner Freiheit Willkür kann verletzen,
Des Himmels ungezählte Sternenmenge,

Scheint nur ein fröhlich luftges Glanzgedränge,
Wo in den tief von Licht durchstralten Räumen,
Wie Gras der Nacht, Myriaden Welten keimen.

Die Weinrebe.

Die Rebe leicht die Wurzel nur vertrauet
Dem Boden, sie den Lüften angehöret,
Und von des Himmels Perlenquell umthauet,
Aus nacktem Stein emporwächst ungestöret.

Wenn auch das Alter schon das Haupt umgrauet,
Ihr glühnder Saft noch leichten Sinn bethöret;
Denn wie sie rankend nach dem Gipfel schauet,
So sprudelnd, Sinn und Brust der Wein empöret.

Der Rebe Locken ähnlich, schäumend steigen
In wahrheitgleichen, lichterhellten Träumen
Empor die glutbegeisterten Gedanken,

Und sind, enthebend sich der Erden Schranken,
Dort oben in den sternbesäten Räumen
Dem Menschen seines Aetherdaseins Zeugen.

Die Zurückkehrenden.

Vom Berg zurück nach Hause beide gehen,
Er abwärts, sie der Sonne zugewendet;
Den letzten Stral die glühnde Scheibe sendet,
Und Abendwinde frisch vom Thal aufwehen.

Er.

Mir wird, wonach lang meine Wünsche stehen,
Der Freuden Fülle mir das Alter spendet.

Sie.

Nun meiner Seele Frieden nimmer endet,
Um Einen Punkt kann sich mein Wesen drehen.

Die Sonne.

Ich überdaure euch um Ewigkeiten,
Und wenn ich auf, und wenn ich nieder steige,
Bin eures Glücks und eures Leids ich Zeuge.

Ihr werdet beide, was ihr hofft, erstreiten,
Da Brust und Arm es selber euch bereiten,
Wohl wissend, wie man sich und Andren beuge.

Die Herzogin.

Du reißest stürmisch mich ins rauhe Leben,
Wie rollend Rad an steilem Bergeshange,
Und achtest nicht, daß auf der bleichen Wange
Mir Thränen des Entsetzens perlend beben.

Der Herzog.

Den wilden Stürmen muß ich hin mich geben,
Ihr Rasen meinen Willen hält gefangen.
Wenn mit Gefahr und Müh' die Arme rangen,
Fühl' ich mein Herz sich heldenmüthig heben.

Doch alles Erdenstürmen einst sich leget,
Und bald in Grabesnacht ich ewig schweige,
Dann Ruhe harmlos dich durchs Leben führet.

Die Herzogin.

Dem Sturm, der Eiche gleich, mein Haupt sich beuge!
Wenn deinen Stern mein Leben je verlieret,
Bleibt es, in Nacht gehüllet, sturmbeweget.

Ein reich Gemüth.

Ein reich Gemüth des Himmels Bläue gleichet,
Kein Blick in seine tiefen Gründe reichet.
So wie zwei Lichter dort die Herrschaft führen,
Verstand hier also und Gefühl regieren.

Wenn auch in Nacht zurück ihr Stralen weichet,
Des Geisterlebens Licht drum nicht erbleichet.
Denn Ahndungsflammen lichte Träume schüren,
Die, Sternen gleich, die Ewigkeit berühren.

Stumm in der Nacht geheimnißvollem Weben,
An kein Gesetz der Möglichkeit gekettet,
Aus Grabestiefe auf Gestalten leben,

Und wenn die Seele sich zu ihnen rettet
Ermüdet, lang in Wirklichkeit gebettet,
Sie Seligkeiten ihr des Himmels geben.

Die Wolken.

Die Wolken hin und her am Himmel gehen,
Und bald sich trennen, bald zusammenziehen,
In lichten Farben bald hell funkelnd glühen,
Bald schwarz wie Nacht, wie Schnee bald flockig stehen.

So auch die Menschen sich im Wirbel drehen,
In buntem Erdenschmuck, wie Pflanzen, blühen,
Sich ohne Ursach suchen und dann fliehen,
Wie Spreu, bewegt von leichtem Windeswehen.

Doch durch des irrlichtgleichen Haufens Mitte
Der Götter ewges Schicksal ernsthaft schreitet,
Nicht achtend auf ihr launenhaftes Wollen.

Nicht Jammerklagen gilt, nicht flehnde Bitte,
Es herrisch jeglichem sein Loos bereitet,
Und jeder muß dem mächtgen Ehrfurcht zollen.

Räthsel.

Zum Tempel führen luftge Säulenhallen,
Und am Altare fromm geschworne Treue
Und Fleiß, deß sich der Wuchs der Saaten freue,
Fern lassen mich nach Hellas Trümmern wallen.

Vom Norden her mir Lockungstöne schallen,
Nach Asiens Gluten drängt mich Pilgerreue,
Und daß sich meiner Tage Lenz erneue,
Mir Pflug und Ring zum Lebensloose fallen.

Dann weit von den gewohnten Menschentritten
Thron' ich in bunt vermischter Völkermenge
Im Eiland, das die Phantasie erstritten.

Doch bald entzogen wieder dem Gedränge,
Wird mir, was ich genossen und gelitten,
Zum Traum in schroffer Felsen Thalesenge.

Reiz der Heimath.

Kastiliens Schnee mit duftger Mandelblüthe
Ersetzen will mir deine zarte Güte;
Allein die Sehnsucht nicht der Brust entweichet,
Wenn man für Schlechtres auch ihr Schönres reichet.

In kalter Ebne innre Funken sprühte
Die Liebe, die zur Vaterstadt mir glühte;
Kein Flurenschmuck für mich dem Hauche gleichet,
Der frisch vom heimischen Gebirge streichet.

Die Treue fragt nach Schönheit nicht, noch Größe,
Sie hängt an dem, was einmal sie geliebet,
Und liebt es fort in seiner nackten Blöße,

Wenn seinen Lichtglanz mancher Fleck auch trübet;
Sie ab vom blühend Prangenden sich wendet,
Und bleibt dem scheinbar Dürftigen verpfändet.

Die Schwäne.

Sind denn die Schwäne von hier fortgezogen,
Daß ihren Zug ich nicht mehr segeln sehe?
Hat mich der süßen Hoffnung Wahn betrogen,
Mir bliebe ihre prachtvoll stolze Nähe?

Ihr Silberglanz stralt jetzt in andren Wogen;
Sie achten nicht, wohin ihr Lauf sich drehe;
An Brust sie haben Treue nicht gesogen,
Die keines Windes leichter Hauch verwehe.

Denn aus des Mutterbusens lautrer Quelle
Die schöne Reinheit des Gemüthes fließet,
In der, wie Welle unsichtbar an Welle,

Gesinnung fest sich an Gesinnung schließet,
Und die noch an des kühlen Grabes Schwelle
Mit gleicher Milde den Geliebten grüßet.

Irdischer Zwiespalt.

Mit lautem Cymbelklang wir preisend dienen
Dem Gott der Sinnenlust und wilden Freude,
Weil prächtig anmuthsvolle Augenweide
Ihm unsre mächtge Zwiegestalt geschienen.

Doch spricht die Lust nur aus Gesang und Mienen,
Die Brust ist angefüllt mit bittrem Leide,
Weil die uns eigenen Naturen beide
Mit gleichem Glück an gleichem Stamm nicht grünen;

Die Enge dumpfer Thierheit hält gefangen
Der Menschheit ahndungssehnende Verlangen,
Und sie mit trübendem Gewölk umhüllet.

Doch sie, die gottentsprossne Hoheit füllet,
Mit diesem fremden Element vermischet,
Verschleiert trauert, aber nicht erlischet.

Der Unmuth.

Ich meine sonst so lebensheitren Sinne,
Umwölkt von trübem Unmuth plötzlich fühlte,
Und diesen innerlich mit Spotte kühlte,
Kaum wehrend, daß den Lippen er entrinne.

Doch da auf meines Daches luftger Zinne
Mein Blick im flutenden Gewölke spielte,
War mir, als wenn ich Leben neu erhielte,
Und heitrer Frohmuth ward mir zum Gewinne.

Was ich gesehn, nicht konnte schön erscheinen;
Vielfach erblickt man also Thal und Hügel
Und lichten Purpurs hochaufglühend Flammen.

Doch konnte nun das Herz sich frei ausweinen,
Und die Natur ist nichts doch, als der Spiegel
Der Bilder, die tief aus dem Busen stammen.

Der Liebe Gewinn.

Enttäuschen mag man sich von Erdenfreuden,
Nur von der Liebe darf man nie sich trennen;
Ihr heilig tief im reinen Busen Brennen
Ist schon vom niedren Staub der Erde scheiden.

Denn alle Götter ihre Zauber geuden
In Menschenherz, das sein kann Liebe nennen,
Und lieben heißt das Göttliche erkennen
Und Schmerz und Tod für dies Erkennen leiden.

Im Bild nur des Geliebten ist ihr Leben,
Was sie umgiebt, zieht sie in seine Kreise,
Und schließt das All mit ihm in Eins zusammen.

Drum nichts kann sie aus ihren Angeln heben,
Und auf des Daseins nachtumhüllter Reise
Ihr Lichtstral sind der eignen Gluten Flammen.

Die Eiche.

Des Nordens stammhaft dichtbelaubte Eichen
Die Königinnen heißen wohl der Bäume;
Wie duftig auch Gewächs in Süden keime,
So brauchen dennoch keinem sie zu weichen.

Sie sind des deutschen Volks und Sinnes Zeichen,
Und wie der Meerestiefe dunkle Räume
Nicht hindern, daß am Licht die Welle schäume,
Sie auch zugleich in Erd' und Himmel reichen.

Denn Stärke, die mit dem Gefühle ringet,
Bis alle Tiefen sie der Brust durchdringet,
Und Phantasie, die sich im Aether wieget,

Dem Zartesten sich an in Milde schmieget,
Und sich in neuen Blüthen stets verjünget,
Von Urzeit her in Thuiskons Volke lieget.

Erdenfreuden.

Der Erdenfreuden wirkliches Genießen
Kann man in jene inneren Gefilde
Verpflanzen, wo als Phantasiegebilde
Mit lichtren Stralen sie den Menschen grüßen.

So kann die Welt er in sich einsam schließen,
Daß auch das schroff erscheinend Rauhe, Wilde
Umkleidet lieblich sich mit sanfter Milde,
Und die Gefühle reicher wogend fließen.

Die Pflanze dann nicht Erdenfrüchte träget,
Und in die Erde nicht die Wurzel schläget;
Mit selbstgenährter Kraft sie froh sich hebet

Und frei im reinen Aether sich beweget.
Sie nimmer stirbt, da sie nicht irdisch lebet,
Und nur nach dem, was nie vergehet, strebet.

Die Hofnung.

Kommst du herab zu dieser Ruhestätte,
Geliebte Hofnung, oder schwebst nach oben,
Auf süßem Glaubensfittig, leicht gehoben
Auf von dem irdisch ew'gen Schlummerbette?

Denn heller Ahndungen verschlungne Kette,
Aus Himmelsduft und Erdenstoff gewoben,
Stralt, wenn der Tod den Riegel vorgeschoben,
Licht nieder, das aus Erdendunkel rette.

Doch nicht von oben, noch nach oben gehet
Dein Pfad, du wohnest in den stillen Sphären
Des Busens, die dem Menschen Schwung gewähren,

Daß er durch sich am Firmamente stehet.
Die Kräfte die von Götterursprung zeugen
Mit eignen Flügeln auf zum Aether steigen.

Rom.

Da, wo die ernste Pyramide winket,
Von stillen Fremdlingsgräbern rund umgeben
Liegt auch entschlummert ein geliebtes Leben,
Wie junge Rose, kaum in Knospe, sinket.

Die ew'ge Stadt in Götterklarheit blinket,
Doch meiner Brust Verlangen sie umschweben
Nur, weil nach jener Stelle hin sie streben,
Die mir wie zweite Todtenheimath dünket.

Auch ihrem Geiste würd' ich dort begegnen.
Wie ihre Blicke stumm die Theuren segnen,
Die lange sie mit Mutterschmerz beweinet,

Und nun holdselig froh mit sich vereinet.
Ablegen gern des Erdenlebens Bürde,
Geliebtem Staub mich mischend, da ich würde.

Rom.

Durch dich begeistert, hab' ich dich besungen
Und glaubte nie mich mehr von dir zu trennen;
Jetzt hör' ich fern nur deinen Namen nennen,
Und jeder Rückkehr Hofnung ist verklungen.

Von deiner Göttergröße still durchdrungen,
Fühl' ich zwar Sehnsucht mir im Busen brennen,
Doch in der Sehnsucht tiefestes Erkennen
Hat andre Sehnsucht hindernd sich verschlungen.

Wie könnt' ich von der theuren Stelle weichen,
Wo ich mir ew'ge Heimath süß gegründet?
Wie täglich nicht die nie Vergeßne grüßen?

Nur hier kann meine Tage ich beschließen,
Wie Epheu es unlösbar mich umwindet,
Daß dort ich sie nur kann von hier erreichen.

Die Seelenwanderung.

Als Papagei sitz' ich beglückt im Zimmer
Suminda's, die mein Herz im Stillen liebet,
Und meiner Federn reicher Farbenschimmer
Dem süßen Mädchen Augenweide giebet.

Ein Jüngling war ich, doch erhöret nimmer
Von der, die gegen Menschen Härte übet;
Da sie nicht achtete mein Klaggewimmer,
Sank ich ins Grab, in Liebe tief betrübet.

Jetzt mich: ich liebe Dich! sie sagen lehret,
Zwar weiß ich, daß sie nicht für mich es meinet,
Doch süß der Ton von ihr mir wiederkehret,

Und wonniglich so mich mit ihr vereinet.
Darf ich in meiner Liebe heißem Brennen
Ich liebe Dich! doch ewig ihr bekennen.

Der Ring.

So dünnes Gold, so leicht nur an Gewichte,
Wenn es sich bräutlich um den Finger krümmet,
Des Mannes und des Weibes Loos bestimmet,
Und schwer oft fällt, wie Spruch in Strafgerichte.

Daß es, als unerbittlich Recht, verpflichte,
Es in des Goldschmidts Feueresse glimmet.
Oft dann in trübem Nebelflore schwimmet,
Was erst die Hofnung sah' in Rosenlichte.

Die aber Liebe treu und wahr durchbringet,
Die möchten selbst das theure Erz recht glühen,
Zu schmieden unzerreißbar feste Kette;

Denn nie zu eng ist ihnen Haus und Bette,
Nur Einen Odem möchten beide ziehen,
Da jeder ganz sich dar dem andern bringet.

Rückkehr.

Dich, sonnig Festland, wieder ich begrüße,
Und meines eignen Jahres Lauf nun schließe,
Der sich zehn Mond' um ruhge Spindel wendet,
Und dann mit zwei'n an fernem Meerstrand endet.

Daß spurlos nicht das Leben hin mir fließe,
Frei und gefesselt ich in Worte gieße,
Was wahr und treu, von keinem Wahn geblendet,
Die Tiefe mir herauf des Busens sendet.

Und zu dem Busen wieder lass' ichs kehren;
Ich buhle um den Beifall nicht der Menge
Und nicht nach flüchtigem Genusse jage.

Die bleibet jenseits auch der Erdentage,
Und frei sich hebet über Grabesenge, —
Die Weisheit möcht ich, sinnend, selbst mich lehren.

Die erste Liebe.

Unzählge Jahre hat mich Brama's Gnade
Geführet durch die Seele vieler Frauen;
Nach jedem Tode mußt ich Leben schauen,
Und wieder gehn der Erde dunkle Pfade;

Viel Loose zog ich aus des Schicksals Rade,
Oft sah' ich Freuden meinen Weg umthauen,
Oft mußt ich hartem Mann mich anvertrauen,
Daß auf mich Schmerz und saure Müh' er lade.

Die Freuden nun, die Leiden sind verschwunden,
Seit mich hat Indra's Himmel aufgenommen,
Wie schwerer Traum davon mir vor nur schwebet.

Doch Ein Bild deutlich stralend in mir lebet,
Und niemals wird aus meiner Seele kommen:
Der Mann, mit dem ich ward zuerst verbunden.

Mnemosyne.

Von allen himmelthronenden Göttinnen
Ich dich, Mnemosyne, am meisten ehre,
Du machst die Vorzeit zu der Zukunft Lehre,
Schöpfst aus Geschehnem, nicht aus leerem Sinnen.

Ich sehe gern den Strom der Zeit verrinnen,
Daß dir der Schatz sich der Erinnrung mehre;
Zu ihm wehmüthig ich die Blicke kehre,
Den einzgen Trost des Lebens zu gewinnen.

Denn alle schönsten, tiefsten Erdenfreuden
Nun hinter mir, schon längst vergangen, liegen,
Und niemals werden wieder sie mir blühen.

Doch wie vergißt sich der Entbehrung Leiden,
Wenn ich in langen, sehnsuchtsvollen Zügen
Die Bilder schlürfe, die mir fernher glühen.

Die Sonette.

Mich kümmert nicht, daß oft dieselben Töne
In diesen flüchtgen Reimen wiederkehren,
Ich will die Schwierigkeit nicht streng vermehren,
Mir gnügt, daß mit dem Laut der Sinn versöhne.

Ich suche nur das Wahre, Gute, Schöne,
Und den Gefühlen nicht der Brust will wehren,
Pedantisch nicht sie Sylbenweise lehren,
Daß stolzes Ohr mit seinem Lob mich kröne.

Ich dichte nicht für fernhin künftge Zeiten,
In Lethe's Wellen sinkt am andren Morgen,
Was ich am Abend sorglos niederschreibe.

Ich nur allein doch kann enträthselnd deuten
Den Sinn, der oft liegt tief darin verborgen,
Und bin zufrieden, daß mir der nur bleibe.

Agamemnon.

Atride, Führer der Achaier Schaaren,
Dein Fuß, Zertrümmerer von mächtgen Städten,
Stand an, die Teppichpfade zu betreten,
Die purpurstralend dir bereitet waren.

Nach zehn vor Ilion durchkämpften Jahren,
Die, wie der Wiese Gras, die Völker mähten
Und viel Verwaisten langen Jammer säten,
Wolltest die Scheu der Götter du bewahren.

Denn Nemesis, die keinen mild verschonet,
Verfolgt bewaffnet mit dem Racheschwerte,
Auch des gekrönten stolz Vermessnen Fährte.

Drum wohl dem Sterblichen, dem Demuth wohnet
Im Busen, wenn auch nach der Thaten Werthe
Der Götter Gunst mit üppgem Glück ihm lohnet.

Fatme.

Es ist sein Grab, es passen alle Zeichen.
Ich habe glücklich nun den Punkt gefunden,
Von wo die Sehnsucht, frei und losgebunden,
Kann den Geliebten, Brust an Brust, erreichen.

Denn wenn der Erde Nebeldünste weichen,
Genesen aller Trennung bittre Wunden,
Und überselger Ewigkeiten Stunden
In Nähe des Geliebten süß verstreichen.

Schlaft, theure Kinder, ungestörten Schlummer,
Und du, der immer gütig mich behandelt,
Nicht deinem Weibe, daß sie gehet, zürne.

Geachtet hat sie nicht des Herzens Kummer,
Ist stets vor dir in treuer Pflicht gewandelt,
Jetzt küßt sie, scheidend, leise dir die Stirne.

Reines Glück.

Wie edles Gold, wenn es sich soll gestalten,
Beimischung braucht von niedrigeren Erzen,
So Beimischung von Erdenlust und Schmerzen
Die Bilder auch der Phantasie enthalten.

Wie klar und leicht beschwingt sie sich entfalten
Sie diese erdentstammten Flecke schwärzen,
Und irdische Begier steigt auf im Herzen,
Wo nur Gebildung sollte geistig walten.

Wann lösen sich, befreiend, diese Bande?
Wann kann in lieblicher Gedankenfülle
Die Seele, wie im reinen Aether, schwimmen?

Ist es in jenem zugesagten Lande,
Wo man verheißt, daß frei von Körperhülle
Allein der Menschheit Götterfunken glimmen?

Jugendlandschaft.

Zu euch nun kehr' ich, waldbekränzte Hügel,
Die meiner Kindheit Schritte schon betraten,
Der Menschennähe kann ich hier entrathen;
Wenn über meines Geistes reinem Spiegel

Mich frei erhebet des Gedankens Flügel,
Erscheinen mir als froh entkeimte Saaten
Der Vorzeit Fabelsinn und Kinderthaten,
Mir lüpfend den geheimnißvollen Riegel

Der Pforte, die des Schicksals ehrne Mächte
Eröffnen wechselsweise, und verschließen,
Wenn sie der Menschheitloose Faden drehen.

Wie Frühlingshauche mir entgegenwehen,
Wenn jene Schattenbilder mich begrüßen
Im Glanze, den kein Strom der Zeiten schwächte.

Lea.

Zwei Punkte sind im menschlichen Gemüthe,
Von welchen aus der Weg zum Tiefsten führet:
Das Ich, in dem das Forschen sich verlieret,
Das All, der Götterkraft freiwill'ge Blüthe.

Du hast gelebet in des Ichs Gebiete,
Hast jeder seiner Falten nachgespüret,
Gefühlet alle Flammen, die es schüret;
Kein Blick sieht mehr, wie er hinstarrend brüte.

Allein das All, in dem das Ich sich findet,
Doch daß darin es ist, als Ich nicht fühlet,
Nie wölbte sich hervor aus deinem Wesen.

Vertraut mit Allem, was die Brust durchwühlet,
Mit jedem irdschen Tragen und Genesen,
Bliebst fremd du dem, was überirdisch bindet.

Lea.

Du schiltst die Einsamkeit; nur stumpfe Seelen,
Sagst du, aus freier Neigung sie erwählen;
Du täglich Umgang zogest vor zu pflegen,
Und lebend Wort in Menschenbrust zu legen.

Doch wußtest du, wie lindernd einsam stehlen
Sich Seufzer aus der Brust, wenn Schmerzen quälen,
Wie froh das Herz den Nächten klopft entgegen,
Wenn Freuden der Erinnrung es bewegen.

Allein dein Lebensnachen emsig schiffte
Nur von Gestade steuernd zu Gestade;
Des hohen Meeres unbetretne Pfade,

Wo nur der Himmel deckt die Wellenklüfte,
Mit öder Leere deinen Busen füllten,
Nicht, Licht dir stralend, deine Sehnsucht stillten.

Lea.

Nie hab' ich heimlich mich bei dir empfunden,
Wieviel ich mit dir lebte Tag' und Nächte.
Der schönen Schranken, die das wahre, ächte
Gefühl umgränzen, schienest du entbunden.

In geistreichem Gespräch mit dir die Stunden
Zwar schwanden, doch das Eigentliche, Rechte,
Was man sich nie getrennt vom Höchsten dächte,
Hat nie aus deiner Brust sich losgewunden.

Und tief es doch in jedem Menschen lieget,
Nur du verdunkeltest dir jene Sphären.
Lang mocht ich gern die bessre Hofnung nähren,

Doch nach und nach in dir es zu entdecken,
Ja wähnte kühn es selber dir zu wecken,
Doch stets das Hoffen schied beschämt besieget.

Schlimme Zeit.

Es geht auf Erden zweifelhafte Sage,
Es sei der Mensch auf ihr zum Glück geboren.
Ich glaube mich zum Unglück auserkoren,
Das ohne Furcht und mit Geduld ich trage.

Was ist denn Unglück, daß so bang man zage?
Es wandeln gleichen Schritts des Jahres Horen,
Der Busen sei in Schmerz, in Lust verloren,
Und endlich kommt der Abend aller Tage.

In dieses Abends mildem Ahndungsschauer
Blickt man auf Leiden nicht zurück mit Trauer.
Es hat den festen Muth der Brust gehoben,

Und zart Gewebe um das Herz gewoben,
Wo um das Höchste, was sich läßt erringen,
Sich unzerreißbar alle Fäden schlingen.

Das Grabmal.

In Sonnenschein stralst du mir hell entgegen,
O Hofnung, mir gestellt zu ew'gem Heile;
Doch du verschwindest trüb' auf deiner Säule,
Wenn Wolken hangen finster, schwer von Regen;

Und dann dem Tag fehlt des Gelingens Segen,
Er schwindet rasch nicht hin in thätger Eile,
Schleicht still nicht fort in seelenvoller Weile,
Wehmüth'ge Bilder nur das Herz bewegen.

Du, die du ruhst in diesem Heiligthume,
Mir leuchtetest mit immer gleichen Stralen,
Nie schwankten deiner schönen Seele Schaalen,

Und jeder Tag bot neue duftge Blume
Zum Freudenkranze mir, dem dichtbelaubten,
Den mir des Schicksals ernste Sprüche raubten.

Thun und Wollen.

Im Inselmeer bin wieder ich befangen,
Deß Fluten in des Südens Milde rollen,
Der Stunden regen Fleiß muß ihm ich zollen,
Darf nicht nach andren Zonen hin verlangen;

Wohl lieblicher mir andre Töne klangen,
Des Busens tieferem Gefühl entquollen;
Des Menschen Thun nicht immer ist sein Wollen,
Auch wo nicht äußere Geschicke zwangen.

Der Zufall richtet blind die ersten Schritte,
Dann findet sich der Fuß in Pfades Mitte,
Wo End' und Anfang sich verhüllt dem Blicke;

Soll vorwärts er? soll schamvoll er zurücke?
So wird der Mensch zu Ziele hingetrieben,
Das anfangs unerstrebt ihm war geblieben.

Lea.

Daß sich die Seele, sagst du, frisch erneue,
Geht sie nach Hause in des Schlummers Stunden;
Wenn sie die Müh' des Tages abgewunden,
Thut Noth ihr, daß sie an sich selbst sich freue.

Doch beim Erwachen kehret sie mit Treue
Zum Menschen, der liegt schlaf- und traumgebunden
Wie Wickelkind, von Mutterhand umwunden,
Daß sie ihm Schutz und Beistand wieder leihe.

Und auch entfernt bleibt sie an ihn gekettet
Und sorgsam still ihm neue Heimath bettet.
Wenn sie durchs Leben dann ihn hat geleitet,

Und ihm sein überirdisch Bett bereitet,
Geht sie, und nicht die Erde mehr berühret,
Allein den Armen freundlich mit sich führet.

Sieg über Leidenschaft.

Wenn Heftigkeit das Blut der Adern reget,
Ziemt sich's, daß man in Ruh es sänft'gend wieget.
Dann der Vernunft die Leidenschaft sich füget
Wie sich im Sonnenscheine Sturmwind leget.

Wenn Ueberwindungsernst die Seele heget,
Sie auch im Krieg der Leidenschaften sieget;
Doch williger sich zum Gehorsam schmieget
Das Herz, wenn Ueberredung es beweget.

Und Ruhe stets ist sicher zu erringen,
Wenn man sich aus dem Kreis der Erdenschwüle
Zu des Gedankens reiner Zone hebet.

Auch wohin nächtlich unsre Blicke dringen,
Der Sterne Chor in ewig ruh'ger Kühle
Hin auf des Himmels goldnen Pfaden schwebet.

Gedanke und Gefühl.

Wie Wasser rieseln aus der Erde Schlünden,
So die Gedanken tief der Brust entquillen,
Und dann das lange Menschenleben füllen,
Bis sie in mächtgen Thaten Ausgang finden.

Wie innerlich Vulkane sich entzünden,
Braus't der Gefühle Glühen, schwer zu stillen,
Bis sie, gebändiget durch starken Willen,
Sich durch der Pflichten Gleise mühvoll winden.

Denn das, was Mensch und Erde in sich schließen,
Doch her von einerlei Natur nur stammet.
Der Woge, die krystallrein hoch sich bäumet,

Das Funkeln des Gedankenlichts entschäumet
Wie Feuer lodernd das Gefühl aufflammet,
Und beide aus vom Staub den Himmel grüßen.

Wolken, Träume, Lieder.

Sahst je du, wie im blauen Himmelsraume
Ein klein Gewölk kaum sichtbar erst entstehet,
Doch bald mit größeren zusammengehet,
Und fort drauf zieht in lockrem Flockenschaume?

Unstäte Bilder auch in irrem Traume
Die Phantasie zusammen seltsam webet,
Wenn sich der Kreis der goldnen Sterne drehet,
Aufgeht und untersinkt am Erdensaume.

Wie Wolken und wie Träume sind die Lieder,
Die hold entblühn der Horen heitren Stunden,
Allein an sinniges Gesetz gebunden,

An Rhythmusfesseln steigend auf und nieder,
Gedanken her vom hohen Himmel lenkend,
Und in die Tiefe sie des Busens senkend.

Venus.

Aus Schaum bist, Venus, du hervorgegangen,
Der auf des Meeres lichter Welle sprühet;
So unentwickeltem Gefühl entblühet
Der Liebe zartaufkeimendes Verlangen,

Der Busen fühlet plötzlich sich gefangen,
Doch weiß zu nennen nicht, was an ihn ziehet;
Denn der Gedanke und die Sprache fliehet,
Wenn dieser innren Stimme Töne klangen.

Erst in des ruhigen Besitzes Stunden,
Wenn das Gefühl hat klar sich losgewunden,
Versunken nicht mehr in dem wachen Traume,

Entfaltet es sich, gleich des Himmels Raume,
Und aus der Nacht, in die es sich verloren,
Hebt sich ein Götterbild, wie neugeboren.

Der süße Traum.

Ich sah sie heut im Traume mit den Zügen,
Die Leben malen, nicht es täuschend lügen;
So trat sie aus der Thüre mir entgegen,
So sah den Blick ich sie nach mir bewegen.

O kann ein Traum in Seligkeit so wiegen,
Und die Vertilgungskraft der Zeit besiegen,
Daß der Vergangenheit verschwundner Segen
Sich um die wunde Brust kann schmeichelnd legen?

Ihr heilgen Nächte, bleibet mir gewogen,
Und mich mit euren Geistertritten führet,
Wo lebenathmend mich ihr Bild umschwebet;

Mein Geist dann überselig Leben lebet,
Wie noch vom Hauch der Gegenwart berühret,
Und hier schon zu den Schatten hingezogen.

Zwiefacher Lebensweg.

Die still Gedanken reihen an Gedanken,
Des Schicksals Schaalen stiegen oder sanken,
Mit sichrem Schritt zum fernen Ziele gehen,
Nicht plötzlich sich zurückgeschleudert sehen.

Die mit Begier die Wirklichkeit umranken,
Vertrauend sich des Lebensnachens Schwanken,
Getrieben oft von wilder Stürme Wehen,
Verwirret sich herum im Kreise drehen.

Doch wenn mit Weisheit sie das Steuer führen,
Und nicht der Wahrheit Richtungsstern verlieren,
Den Hafen so in sichrem Lauf erreichen,

Dann müssen diesen jene ersten weichen.
Denn sie gebieten frei den Weltgeschicken,
Und sinn'ge Form dem rohen Stoff aufdrücken.

Der Traumwelt Schwingen.

Wenn traumlos eine ganze Nacht verschwindet,
In tiefen, todesgleichen Schlaf versenket,
Kein seelenvolles Bild hervor sich windet,
Und wie mit nächtgem Thau den Busen tränket;

Dann an die Nacht den leeren Tag nichts bindet,
Nichts hin zum schattgen Geisterreiche lenket,
Und nichts der Stunden Nüchternheit verkündet,
Was Himmelsnäh der Erdensehnsucht schenket.

Denn nur der dunklen Träume Nebelpforte
Führt aus des Erdenlebens dumpfen Schranken
Hin, wo der Geist von Fesseln ist befreiet,

Wo Wesenheit nicht Körperstoff bloß leihet,
Und die in Freiheit schweifenden Gedanken
Nicht sind umgränzt von nüchtern kaltem Worte.

Die Cypressenallee.

Verblühet hinter mir die Jugend lieget,
Wie ödes Feld, das keine Frucht getragen;
Viel Schmerz hat meine starke Brust besieget,
Doch andrer droht des späten Alters Tagen.

Schwer über mir sich euer Wipfel wieget,
Cypressen, die zum finstren Himmel ragen.
Allein auch Hartes oft das Schicksal füget,
Euch zu durchschreiten will ich kühn drum wagen.

Gießt eure Schatten furchtbar auf mich nieder!
Was eure Nacht mir auch für Schauder sende,
Ich gehe muthvoll in euch hin und wieder;

Wie Jahrsbeginn sich schließt an Jahresende.
So setz' ich stillgefaßt durch eure Mitte,
In Gram gehüllt, die alterschweren Schritte.

Entfärbtes Leben.

Ich kann mich nicht an deinem Anblick weiden,
Mit Schmerz seh ich dich, Sonne, niedersinken
Und glühend heiß des Meeres Kühle trinken;
Mit Nebelflor umziehet mich dein Scheiden.

Die Nacht verdoppelt meiner Sehnsucht Leiden,
Die Sterne Wehmuth mir hernieder winken
Und meinem Busen stille Zeugen dünken,
Daß nie mir wieder blühn des Lebens Freuden.

Auf welchem Boden sollten sie mir sprießen,
Da, die kein Stral des Erdenlichts durchdringet,
Woher kein Ton je süßer Antwort klinget,

Mein Glück die stillen Schatten in sich schließen,
Und aus den lebenabgeschiednen Räumen
Sein Bild nur schwankend kehrt in dunklen Träumen?

Wiedererkennen.

Wenn man ein fernes Land im Sinne träget,
Das man mit Augen niemals hat erblicket,
Ist, wie in wachem Traum, man oft entzücket,
Und tausend Wunderdinge bei ihm leget.

Doch wenn der Sehnsucht, die sich mächtig reget,
Befriedigung dann endlich mühvoll glücket,
Fühlt man sich in kein Feenland entrücket,
Und bald, wie in der Heimath, sich beweget.

So ist es auch vielleicht mit jenem Lande,
Des dunklen Todesstroms jenseitgem Strande,
Dem man sehnsüchtig oft entgegenringet.

Wie Heimath es vielleicht uns einst durchdringet,
Daß, wenn wir von der Erde dort genesen,
Uns ist, als wären längst wir da gewesen.

Freie Bewegung.

Schifft man denn immer nur um anzulanden?
Ists süßer nicht, nur schaukeln sich zu lassen,
Des offnen Meeres Anblick zu umfassen,
Den Wind gelös't zu sehn von allen Banden;

Wo niemals hochgethürmte Wogen branden
An schroffer Küste finstren Felsenmassen,
Die freien Fluten nicht den Segler hassen,
Ihr tanzend Bäumen lässet nicht ihn stranden?

Wohl dem, der auch im Leben kann beschiffen
Nach Lust des Denkens unbegränzte Fläche,
Fern von der Welt und ihren Tandgeschäften.

Fest an den Nordstern kann den Blick er heften,
Und wie sich stürmisch Well' an Welle breche,
Gesichert segeln hin vor allen Felsenriffen.

Macht der Liebe.

Wenn man geliebt sich tief und innig fühlet,
Wird man berührt kaum von der Erde Schmerzen;
Ihr Glühn mit hehrer Glut die Liebe kühlet,
Und Unglück wohnt nicht in geliebtem Herzen.

Ob in den Busen auch sich Kummer stiehlet,
Läßt seinen Himmel nicht der Mensch sich schwärzen,
Wenn einmal er das höchste Loos erzielet,
Und tausend süße Freuden ihn umscherzen;

Wenn er in Tageslast sich abgemühet,
Dann in der Liebe Arm vertrauend fliehet,
Und reichlich nimmt, was er gewähret, wieder.

Es hebt ihn der Begeistrung Schwangefieder,
Wohin der Liebe Stern ihn stralend ziehet,
Wo er vernimmt der Unschuld Wiegenlieder.

Epos.

Du scheinst oft, Hofnung, in der Luft zu schweben,
Weil Dunkel bleibt die Säule, die dich träget;
So auch im Geist Gedanken sich erheben,
Wo man nicht weiß, was sie emporbeweget.

Doch wie du darfst vor keinem Sturm erbeben,
Weil fester Grund ist sorgsam dir geleget,
So sichert auch des Genius kühnes Streben
Grund, den in sich die Nacht des Busens heget.

Denn unten wogt es schwellend tief im Grunde,
Mit der Natur in eng vereintem Bunde,
Allein dem Menschen lang oft unverstanden,

Bis, sich befreiend von des Dunkels Banden,
Ein leuchtender Gedanke aufwärts schießet,
Und wie ein Erdenblitz, den Himmel grüßet.

Traumbild der Liebe.

Ich sah im Traum, was nie ihr, Augen, sehet,
Wann ihr euch wachend zu dem Lichte drehet.
Ich war entzückt vom engelschönen Bilde,
Es mir begegnete mit Himmelsmilde,

Oft wann der nächtgen Schatten Fittig wehet,
Das Bild zu mir mit stillen Schritten gehet
Der, die bei Tag mich schützt mit Geisterschilde,
Und Nachts mich führt in selige Gefilde.

Und dann, wann sich der Geist hat losgewunden
Von dem was ird'schen Anblick hält gebunden,
Erscheinet sie in den gewohnten Zügen,

Die nun dem Leben ewig sind entschwunden,
Allein empor im Traum lebendig fliegen,
Und süß in Täuschung treue Liebe wiegen.

Blumen und Sterne.

Wenn man ein anmuthreiches Thal sich denket,
Mit tausend duftgen Blumen angefüllet,
Von denen jede farbgen Reiz enthüllet,
Mit Perlen von des Himmels Thau getränket;

Wenn man den Blick zum nächtgen Himmel lenket,
Wo stralend Licht aus tausend Sternen quillet,
Und Licht und Nacht der Seele Sehnsucht stillet
Die gern sich in der Schatten Tiefe senket;

Kann man in beiden Bildern sie erkennen,
Die meine Lippen bang vermissend nennen,
Von jedem weiblich holden Reiz umblühet,

In sanften Frohsinns seelenvollem Scherze,
Doch mehr noch heimisch da in Ernst und Schmerze,
Wohin das Göttlichste den Menschen ziehet.

Der Erde Recht.

Jedwedes Schicksal muß Erfüllung finden,
Es sei in Schmerzen, oder sei in Freuden;
Der Mensch muß durch sein Loos hindurch sich winden,
Wenn er nicht will ganz von dem Leben scheiden.

Das ist der Erde Recht, womit sie binden
Und lösen kann; der Mensch muß still es leiden.
Doch kann er Freiheit in der Brust sich gründen,
Wie raube Schlacken edles Erz umkleiden.

Und wie man mehr der Erde Rechte ehret,
Nicht lässet Weichlichkeit noch Schonung walten,
Daß voll sein Maaß das Schicksal kann erreichen,

Sich auch die Kraft der innren Freiheit mehret.
Der Mensch, gefesselt von den Erdgewalten,
Trägt in sich dennoch keiner Knechtschaft Zeichen.

Vorahndung.

Ich saß im Saal, den Bilder rings umstehen,
Und vor mir tanzten holde Mädchenpaare;
Es flatterten die losgelassnen Haare
Von ihrer Füße leichtem Wirbeldrehen.

Doch wie, wer Andres, als die Augen sehen,
Fühlt, daß er in der tiefen Brust gewahre,
Flogen vorüber die verlebten Jahre
An mir, wie dunklen Regenwindes Wehen.

Bald wird mich anderes Gemach umfangen,
Und diese Bilder werden suchend blicken
Nach dem, der dann nicht weilet mehr hienieden.

Ich aber werd' hin an den Ort gelangen,
Der rein von allem irdischen Entzücken,
Allein umwehet ist von Himmelsfrieden.

Der letzte Traum.

Ich lag umschwebt von süßen Morgenträumen,
Da ward ich wider Willen aufgewecket,
Und lang nun hin der öde Tag sich strecket,
Die lieben Sternlein zu erscheinen säumen.

Und doch die schönsten Blüten nur entkeimen
Der Brust, wenn sie die goldne Ruhe schmecket,
Der Schlummer sie mit zartem Schleier decket,
Und Tag und Licht ihr Recht der Nacht einräumen.

Wenn aber reißt im Tod des Daseins Faden,
Dann wird das Leben wieder selbst zum Traume,
Allein zu Traum, der leer verfliegt in Schaume;

Das Träumen, zu dem Lieb' und Sehnsucht laden,
Zeigt den in Erdenschlaf gebundnen Blicken
Ein tief dem Busen bleibendes Entzücken.

Gewählte Gesellschaft.

Nichts hin mich zu den Menschen jemals ziehet,
Und gern ich fern von ihren Pfaden bleibe;
Muß ich sie sehn, ich mich nicht thöricht sträube,
Doch fühle etwas in mir, das sie fliehet.

Mein Glück mir still im tiefen Busen blühet,
Sorglos um leer verwirrtes Weltgetreibe,
Und wie des Mondes nachtbedeckte Scheibe,
Bin ich, dem Blick mich zu entziehn, bemühet.

Doch die der Brust Gefühle mit mir theilen,
Wenn sie auch nicht mehr auf der Erde weilen,
Derselbe Kreis der Einsamkeit umschlinget;

Denn ohne Liebesglut verwandter Herzen,
Die Süßigkeit der Einsamkeit nur Schmerzen
Und unbefriedigte Verlangen bringet.

Zwiefache Ansicht.

1.

Ich lebe schon im Geist in den Genüssen,
Die diese Stunden bald mir jetzt bereiten;
Mein Wolkenhimmel plötzlich ist zerrissen,
Mich Tags nun Sonnenschein, Nachts Sterne leiten.

2.

Mir blühet Glück in ruhigem Gewissen,
Sieg ist mir sicher in des Busens Streiten;
Ich scheue nicht das schicksalernste Müssen,
Wenn treu vereinet Geist und Herz arbeiten.

1. 2.

Wir sehn am Hügel dort die Sonne sinken
Und Luna's silberheller Scheibe weichen.

1.

Mir ist der Abend neuen Tags Zuwinken.

2.

Ich seh in ihm des vorigen Erbleichen.

1. 2.

So wir im vorwärts und im rückwärts Schauen
Uns gleiches Glück aus andrem Stoffe bauen.

Die Lotus-Pflanze.

Die Lotuspflanze auf dem Wasser schwimmet,
Den nackten blätterlosen Stiel nichts schmücket,
Die Blüte nur vor aus der Feuchte blicket,
Sie nichts als Wasser aus der Schöpfung nimmet.

Zum Reinesten von der Natur bestimmet,
Ist sie der Erde Boden weit entrücket;
Sie Wurzeln nicht zum Grund des Wassers schicket,
Ihr Stiel sich nach der freien Welle krümmet.

So giebts auf Erden weiblich reine Wesen,
Die nur das Edelste stets an sich ziehen,
Und an dem Duft sich der Gedanken nähren.

Beglücket die, die ihnen zu gewähren
Das Element, in dem sie freudig blühen,
Sind von der Gunst des Schicksals auserlesen.

Des Dichters Geist.

Wenn heitre Bläue ganz den Himmel decket,
Kein leichtes Wölkchen sich hochschwimmend zeiget,
Dann Flock' auf Flocke, wie aus nichts, aufsteiget,
Zusammenfließt, und bald weit hin sich strecket;

So Dichters Geist jungfräulich unbeflecket
Ist, eh' Begeisteruug sich zu ihm neiget,
In Worte der Gedanke sich verzweiget,
Und die Bewunderung der Hörer wecket.

Allein der Dichter sel'ger schwelgt entzücket
In der noch ungeschiednen Bilderfülle,
Eh' losgerissen eines er erblicket,

Umdämmert von des Lautes Nebelhülle.
Denn was aus ihm emporsprießt, nie ihm gnüget,
Ein schwacher Abglanz deß, was in ihm lieget.

Der Dichter.

Der Dichter Alles mit Gestalt umkleidet,
Und nichts, was nicht bestimmt geformt ist, leidet;
Er will sich dumpf nicht in Gedanken drehen,
Ein Bild das Auge fest begränzt soll sehen.

Und doch der Dichter das Vereinzeln meidet,
Die Fülle hin der Phantasie gern geudet,
Und wo die Gränzen in einander gehen,
Am freisten seines Geistes Hauche wehen.

Dies er begeistert also eng verbindet,
Daß in dem Einen sich das All stets findet,
Von andren Umriß immer nur umschlossen;

Daß seines Busens ganze reiche Fülle
Aus ihrer Tiefe unentweihter Stille
Er fühlt in seine Dichtung rein ergossen.

Der Morgen des Glücks.

Im kleinen Raum von Erfurts reichen Auen
Bis wo aus Schwarzburgs engem Fichtenthale,
Sich lieblich windend, rauschend strömt die Saale,
Vermocht' ich wohl mein keimend Glück zu schauen.

Ich sah den Morgen dort des Lebens grauen,
Wenn Morgen heißet, wenn zum erstenmale
Hernieder aus der Liebe goldner Schaale
Dem Geist des tiefen Sinnes Perlen thauen.

Denn die der Kranz des Dichterpreises schmückte,
Die beiden strahlverwandten Zwillingssterne,
Die spät noch glänzen in der Zukunft Ferne,

In Freundesnähe mir das Schicksal rückte,
Da Bande, die von Liebe süß gewoben
Empor mich, wie auf lichter Wolke, hoben.

Die beiden Welten.

Zwei Welten sich in der Geschichte wägen,
Sind schwer mit Spruch gerechter Brust zu richten,
Weil Nachruhm von verschiedenen Gewichten
Sie in der goldnen Schaalen Schwanken legen.

Die alte sieht man sich gestaltreich regen,
Wo Kunst die Wirklichkeit strebt zu vernichten;
Die andre, neue, mahnt an ernstre Pflichten,
Und spendet Götterursprungs heilgen Segen.

Allein verbindend lieget zwischen beiden
Ein Punkt im tiefen menschlichen Gemüthe;
Wer ihn erreicht, für den sie nicht sich scheiden;

Er pflücket beider anmuthvolle Blüte,
Die schön zu flechten in ihr reiches Leben,
War ihr vor allen Sterblichen gegeben.

Vergänglichkeit.

Die Blumen, die in einem Jahre sprießen,
Und welkend in demselben auch vergehen,
Uns lehren, wenn wir sinnig auf sie sehen,
Daß wir auch hier des Daseins Kreis beschließen.

Doch anders uns die nächtgen Sterne grüßen:
Wir uns in ewigen Geleisen drehen,
Und ewig könnt mit uns auch ihr bestehen,
Da Geist und Licht in eins zusammenfließen.

Sind nun die Körner, die als Samen keimen,
Noch eins mit den vergangnen Mutterblüten?
Kann die Gestirne in des Aethers Räumen

Ihr Schicksal vor dem Untergang behüten?
Sind sie, wie Weltenblüten weit zerstreuet,
Nicht auch doch der Vergänglichkeit geweihet?

Das Bild im Herzen.

Nie wird die ewge Liebe von mir weichen,
Die ich die Brust mir fühle sanft umthauen;
Ich kann mit Zuversicht der Holden trauen,
Sie gab davon mir nimmer trügend Zeichen.

Gefühle wohl vergehen, Bilder bleichen,
Doch was der Busen, klar und hell zu schauen,
Durchs ganze Leben strebte aufzubauen,
Das kann des Wahns Vergänglichkeit nie gleichen.

Und in mir dieser Liebe Bild ich trage,
So weit zurück mein erstes Denken gehet.
Zuerst erschien es mir, wie ferne Sage,

Dann stieg zur Erde es mir sichtbar nieder,
Und nun, da es mir ist verschwunden wieder,
Der Hauch mich der Erinnrung süß anwehet.

Der Ocean der Zeit.

Kein Fluß zur Quelle seine Fluten wendet,
Der Tag, der einmal sich ins Meer gesenket,
Zum vor'gen Morgen nicht den Pfad mehr lenket;
Was war, das ist nicht mehr, hat rein geendet.

Und doch war es nicht Wahn, der trügrisch blendet,
Der Morgen, deß kein Abend mehr gedenket,
Mit seinem Thaue Leben hat getränket,
Des Jünglings Glanz dem Greis noch Stralen sendet.

In welches Meer zusammen nun geflossen
Ist, was erstrebet wurde und genossen?
Im Ocean der Zeit ist es begriffen,

Den finstrer Wolkennebel Nacht verhüllet,
Der, nicht beginnend, unaufhörlich schwillet,
Von dem wir Küstenspannen kaum umschiffen.

Sieg des Willens.

Die Sonne scheint zu kommen und zu gehen,
Die Menschen zu betrüben und erfreuen;
Doch ihre Stralen ewig leuchtend stehen
Und, frei von Wolken, immer Licht verleihen.

So auch im Menschen ist des Geistes Wehen,
Deß Schöpfungen sich zauberisch erneuen,
Wenn sich der Mensch will seinem Licht zudrehen,
Und der Gedanken leeren Tand zerstreuen.

Denn ihr verwirrend nichtiges Gewimmel,
Das nebelgleich entsteigt dem Weltgetümmel,
Wie schwarze Wolke, vor dem Sinne hänget,

Und schwer durch ihre wesenlosen Geister,
Wenn ernster Wille nicht wird ihrer Meister,
Ein Stral des wahren Lichts sich einzeln dränget.

Sehnsucht der Liebe.

Die Nacht des Todes aus vom Körper gehet,
Wenn, der ihn hält als Wohnung der Gedanken,
Der Einklang nicht harmonisch mehr bestehet,
Und jeder Urstoff tritt aus seinen Schranken.

Die Seele, wenn ihr Himmelshauch gleich wehet,
Und wenn sie, ohne irdisch schwaches Wanken,
Sehnsüchtig nach dem ewgen Licht sich drehet,
Will still doch den Gefährten treu umranken,

Der sie des Lebens Laufbahn hat geführet,
Und ihrer Kräfte Glühen oft geschüret.
Doch nun, was soll die Einsame umfassen?

Sie kann der Liebe Sehnsucht nur vertrauen,
Und auf die tiefgefühlte Wahrheit bauen,
Daß sich verwandte Geister nicht verlassen.

Mitleid.

Medea stehet hoch im Drachenwagen,
Und raubt aus Gattenhaß der Kinder Leben;
Die Mutterarme unnatürlich streben,
Die Wunde in das tiefe Herz zu schlagen.

Johannes Haupt sieht man die Jungfrau tragen,
Und ihre Glieder nicht vor Schauder beben;
Des Greises Blicke Tod und Nacht umschweben,
In ihren glänzt frohsinniges Behagen.

In Stein sind diese Bilder ausgehauen,
Und Menschen freuen sich sie anzuschauen.
Was ists, das hin zu Gräuelthaten ziehet?

Das Mitleid ist es, das das Herz durchglühet,
Und im gespensterartig finstren Grauen
Noch sanft wie Blume süßer Wehmuth blühet.

Zwischen Leben und Tod.

Ein Augenblick, wenn sich die Augen schließen,
Vom Lebenden den Todten schneidend trennet,
Und keine Sprache Kluft, die mächtger, nennet,
Als die des Stroms, der zwischen ihnen fließet.

Es ist der Strom, der schweigend sich ergießet,
An einer Küste noch die Erde kennet,
Doch da, wo aller Sonnen Urlicht brennet,
Die andere in Aetherferne grüßet.

Drum deren Leben sich in Gram fortspinnet
Um die, die nicht mit ihnen hier mehr weilen,
Nur Sehnsucht treibet nach des Grabes Frieden.

Denn dann der weite Trennungsstrom verrinnet,
Sie können der Geliebten Nähe theilen,
Sind nicht mehr durch Unmöglichkeit geschieden.

Leto.

Orion die Titanin will bezwingen,
Gereizt von ihrer Schönheit Stralenfülle,
Doch fern ihn hält gebieterisch ihr Wille,
Und ihm ins Herz der Kinder Pfeile dringen.

Denn Artemis und Phöbus Blitze schwingen
Sich frei hin durch die wüste Aetherstille,
Und keiner Wolkendecke finstre Hülle
Hemmt je ihr fernhertreffendes Vollbringen.

So zwiefach Leto's großes Herz sich freuet,
Daß sie der Frevler nicht in Schmach gebettet,
Und sie der Kinder Wachsamkeit gerettet,

Die Schutz der hohen Göttermutter leihet.
Den Armen hatte Liebe irrgeführet,
Doch Mitleid keiner Göttin Busen rühret.

Damokles.

Das Schwert am Faden überm Haupte hänget
Des Gasts am üppgen Tische des Tyrannen,
Daß aus der Brust er nicht die Furcht kann bannen
In der Gefahr, die sich dem Blick aufdränget.

Mir größre Bangigkeit den Busen enget,
Von der mit Müh' ich kaum mich kann ermannen;
Des Schicksals Mächte Wolke mir ersannen,
Mit Blitzen schwanger, deren Stral versenget.

Die Wolke nicht am hohen Himmel schwebet,
Ihn fürcht' ich nicht, wie er auch dunkel scheine;
Die glühnde Wolke in mir selbst ich meine.

Was ihr entschießet, kann ich nicht besiegen,
Und unter ihm verdorrt bleibt öde liegen,
Was frisch nach That sonst und Gedanken strebet.

Bach und Strom.

Der Bach.

Ich bin der Quell, der aus dem Felsen springet,
Kaum scheinbar vor aus dem Gesteine dringet,
Dann überschlagend seine dunklen Wogen
Von Stein zu Steine fällt in schäumgen Bogen.

Der Strom.

Wenn sich dein Pfad hin durch den Anger schlinget
Empfängt mein Bett dich, und zum Meer dich bringet;
In meinem mächtgen Strudel fortgezogen,
Wirst um dein eignes Dasein du betrogen.

Der Bach.

Ich mische gern mich deinen stolzen Wellen,
Und seh' den Wind vollströmend hoch sie schwellen.
Wenn gleich in dir vergessen ich verrinne,

Ich dennoch muß um dich die Arme schlingen,
Da ohne dich durch mein ohnmächtig Ringen,
Ich nie das Ewigquellende gewinne.

Resignation.

Beständig rudern meine emſ'gen Hände;
Ich stoße ab den Nachen von dem Lande,
Und fahre zu des Stromes andrem Rande,
Und nie geschiehts, daß ich am Ufer stände.

Doch einen Abend nimmt das Rudern Ende.
Ein Mann erscheint in dunkelem Gewande,
Und wie er kommt, löſ' ich des Nachens Bande,
Folg' ihm, und nie zurück mich wieder wende.

Das Leben ist solch hin und wieder Fahren,
Das niemals doch zu wahrem Ziele führet,
Wo Glut zu Flamme zwar der Kräftge schüret,

Doch nichts vollendet auch in langen Jahren,
Und was er that, wenn Tod sein Recht nun übet,
Verloren, wie den Kahn dem Strome, giebet.

Erinnrungsweihe.

Wie in der Kinder lieblichem Geleite,
Sie einst anmuthig hin an meiner Seite
Ging durch die Straßen Roms und Vorzeitstrümmer,
Malt sie dies Köpfchen hier im trauten Zimmer,

Still glücklich, wie die holdeste der Bräute
Bald nach dem Tage, der ihr Bündniß weihte,
In schön erblühter Jugend mildem Schimmer,
Dem süßgegebnen Worte treu auf immer.

Wenn mich die Einfachheit des Bildes rühret,
Fühl' ich, daß, was ich tief und still genossen,
Dahin ist in den Strom der Zeit geflossen,

Der nie zurück es meiner Sehnsucht führet.
Doch ewig dauernd die Erinnrung lebet,
Und dämmernd noch des Todes Nacht umschwebet.

Ihr Bild.

Ums dunkle Haar den Schleier leicht geschlagen,
Dein tiefes Auge aus dem Bilde blicket.
Wenn auch nicht jeder Zug dich nah uns rücket,
Sieht man dich lebend doch in jenen Tagen,

Wo Roma's Wunder offen vor dir lagen,
Wo du das Höchste sinnvoll still gepflücket,
Und an des Südens Himmel dich erquicket,
Um Rückkehr zu dem rauhen Nord zu wagen.

Denn Liebe zu Hesperiens Zauberblüthe
Verdrängte nicht in dir aus dem Gemüthe
Zum Vaterland die sichre, ewge Treue.

Dein stiller Sinn genügsam in ihm lebte,
Und Großes um dich her geräuschlos webte
Zu Erdenheiterkeit und Himmelsweihe.

Der Stier im Joch.

Gezwungen Tag um Tag zum sauren Fröhnen,
Der Stier den Pflug, ins Joch gespannet, ziehet,
Und ihm kein andres Schicksal jemals blühet,
Als unter harter Arbeitslast zu stöhnen.

Dem Stachel muß die Seiten er gewöhnen,
Geduldig unter ihm er mehr sich mühet;
Wie auch im starken Nacken Sträuben glühet,
Muß er sich doch mit seinem Loos versöhnen.

Wie um sein Ackerstück der Himmel lieget,
Umwölbend stets im gleichen Kreis die Erde,
Ist er gefangen in denselben Schranken.

Wie Epheuzweige dürren Stamm umranken,
Rankt sich sein Leben um des Diensts Beschwerde,
Bis Müh' und Alter ihn der Grube fügt.

Das große Weltenrad.

Oft durch die finstre Nacht ich schweigend gehe,
Und mich erfreue an der Pracht der Sterne.
Sie leuchten heiter aus der ewgen Ferne,
Ich mich vom dunklen Wald umgeben sehe.

Dann ist mir, als ob ich in Geisternähe
Die Töne der Natur verstehen lerne;
Ich trete leiser auf, und lausche gerne
Dem Laut, wie schauerlich er mich umwehe.

Denn alles, was da lebet und empfindet —
Die ernste Stimme, wahr verkündend, saget —
Ist an das große Weltenrad gebunden,

Und unterthan des Schicksals dunklen Stunden.
Nach seinem Schmerz, nach seinem Glück nicht fraget,
Es trägt und wirkt, und in dem All verschwindet.

Die schwarze Stunde.

In jedem Jahr man durch die Stunde gehet,
Der keiner, der auf Erden lebt, entfliehet,
Sie aus, wie alle andren Stunden siehet,
Doch unsichtbar da, schwarz gezeichnet, stehet.

Wenn eignen Todeshauch sie uns zuwehet,
Legt gern man ab die Last, die drückt und mühet,
Und folgt, wo Ruhe süß und ewig blühet,
In Nacht, um die sich keine Sonne drehet.

Doch wenn sie plötzlich so sich offenbaret,
Daß sie des Süßesten uns hart beraubet,
Des Höchsten, was auf Erden man gewahret,

Des Tiefsten, woran Seel' in Seele glaubet,
Dann sie im Jahr, wie finstrer Abgrund, gähnet,
Nach dem man doch im stillen Gram sich sehnet.

Des Jenseits Schleier.

Wenn sanft der Klage wehmuthsvolle Leier
Ertönet an geliebter Todtenfeier,
Man auf der unsichtbaren Gränze schwebet,
Wo in den Tod hinab das Leben bebet.

Man sucht zu lüften den geheimen Schleier,
Der dicht umhüllet, was dem Herzen theuer;
Doch undurchdringlich wie er ist gewebet,
Durchblickt ihn keiner der, noch athmend, lebet.

Nie kann vom Leben aus den Tod man schauen,
Man fühlet wohl es stufenweis verschwinden,
Doch mit dem Tod reißt der Besinnung Faden.

Wird aus vom Tod ins Leben Dämmrung grauen,
Wird rückwärts sich der Blick erkennend finden,
Wenn ihn die Thränen der Verlassnen laden?

Die getrennten Gräber.

Der theuren Kindergräber stiller Friede
Umschwebt in Rom die ernste Pyramide,
Die Mutter ruht davon in weiter Ferne,
Doch beide ewig schaun die gleichen Sterne.

Ach! wenn der Himmel auch zerreißend schiede,
Was sich auf Erden trennet, lebensmüde,
Wer, daß er Tod im Tode dulden lerne,
Dann spönne ab den Lebensfaden gerne?

Doch wie dieselbe Sonne freudig scheinet
Den sieben Hügeln und des Nordens Zone,
Wo man im dunklen Schattenhaus auch wohne,

Das ewge Licht des Jenseits auch vereinet
Was sich gefasset hat hier, Herz im Herzen,
In Schicksalswonne und in Schicksalsschmerzen.

Wolkenbilder.

Der Himmel oft von Farben glänzend scheinet,
Die, sanft verschmelzend, in einander gehen,
Gebirgen gleich gethürmt Gewölke stehen,
Man Wolkenlandschaft zu gewahren meinet.

Doch nur der Menschenblick das Bild vereinet;
In sich nur Düfte wüst chaotisch wehen,
Und sich im Sonnenlichte wirbelnd drehen,
Bis sie erblassen, wenn die Nacht sich bräunet.

Doch was den Busen so gewaltig rühret,
Ist blindlings nicht aus bloßem Duft gewoben,
Nur Stoff und Farbe leihn die Luftgefilde.

So wie wir Schauer sind, so dichtend führet
Den Pinsel unsichtbar ein Geist dort oben,
Und schafft die mächtgen Phantasiegebilde.

Der Morgen des Lebens.

Das Thor, durch das der Morgen werdend blicket,
Mit Farbenglanz ist wundervoll geschmücket,
Allein ihr Schmelz sich nach und nach verlieret,
Wie Helios Licht den Erdensaum berühret.

So auch der Hauch des jungen Tags erquicket;
Doch wenn hinauf der Mittag steigend rücket,
Der Sonne Stralen er zu Gluten schüret,
Und Stille lagernd übern Erdball führet.

Kann man das Leben hier in Erdenschranken
Den Morgen nun des Menschendaseins nennen?
Die Regungen der Brust, gleich Farben, brennen,

Und frisch gedeihn Gefühle und Gedanken.
Doch volles Licht und reife Glut nicht werden
Dem Geist und Herzen gnügend hier auf Erden.

Lenore.

Lenore sah in schwerem Traumgesichte,
Wie sie zum Grab auf wildem Rappen führte
Ihr Wilhelm, und mit Todeshand berührte,
Zu ihres Zweifelmuthes Strafgerichte.

Die Aermste hing mit irdischem Gewichte
An ihm, der ihrer Liebe Flammen schürte,
Und lauter, als es Christenscheu gebührte,
Erhub sie Klage zum urewgen Lichte.

Doch Ruhe wird ihr bei den dunklen Schatten,
Und ihrer Sehnsucht innig Streben sieget,
Da sie mit Dem vereint im Grabe lieget,

Den sie im Leben nicht umfaßt als Gatten.
Denn für getreuen Busens reine Flammen
Ist Himmel nur, wo Liebe weilt beisammen.

Thekla.

Nicht Dolche durch die zarte Brust ihr drangen,
Nicht Becher, giftgefüllt, hat sie geleeret,
Ihr Leben hat nicht langsam Gram verzehret,
Kühn ist sie dem Geliebten nachgegangen.

Wenn alle Kräfte, sehnend, Tod verlangen,
Das höchste Leben aus sich Tod gebäret,
Und die Natur zu sprengen dann nicht wehret
Des Lebens Fessel durch der Seele Bangen.

Sie will noch einmal liebend Den umarmen,
An dem nicht mehr kann ihre Brust erwarmen,
Und sterben dann im letzten langen Kusse,

Das Schicksal seiner treuen Schaaren theilen,
Wohin er ging, an gleicher Stätte weilen,
Sei's in Vernichtung, sei's im Vollgenusse.

Der umschlossene See.

Wenn ich die Wellen so im Rudern schlage,
Ich mir in wehmuthsvoller Brust wohl sage:
Wie ausgangslos der See ist hingegossen,
So ist mein Lebensbett auch rings umschlossen.

Ich kaum den Blick hinaus zu werfen wage,
Weiß nicht, obs draußen nachte oder tage;
Das halbe Leben ist mir so verflossen,
Ich habe freien Ausflug nie genossen.

Und seh' ich fernher wohl die Sterne kommen,
Die Kraniche des Nordens Winter fliehen,
Dann fühl' ich mich im Busen bang beklommen,

Ich möchte fernhin nach den Wandrern ziehen;
Allein der See ist nirgend, nirgend offen,
Kein muntrer Bach läßt irgend Ausweg hoffen.

Das Schicksal und der Mensch.

Die Knospe, wenn sie ihre Zeit erreichet,
Und ihres Lebensmorgens Dämmrung grauet,
Bricht auf, und der Natur sich anvertrauet,
Ob Sonne scheinet, oder Wind rauh streichet,

Sie der Nothwendigkeit des Schicksals weichet,
Das vorwärts treibt, und niemals rückwärts schauet,
Und achtlos seine Riesenplane bauet,
Ob Blüthe welkt, und Menschenglück erbleichet.

Denn auch den Menschen faßt sein unstät Treiben,
Er muß hinaus ins öde, dürre Leben,
Muß wider Willen kämpfen, dulden, streben,

Darf nicht im Schooße süßer Ruhe bleiben.
Allein der Mensch begegnet ihm mit Stärke,
Und schreitet doch zu selbstgewähltem Werke.

Innere Klarheit.

Oft wenn in trüben, dünsteschweren Tagen
Die Winde gellend durch den Luftraum pfeifen,
Und drohend Bäum' und Dächer wild ergreifen,
Sie fern hinweg die finstren Wolken jagen.

Die Sonne kehrt im goldnen Stralenwagen,
Der Blick kann frei im blauen Aether schweifen,
Den Saum des Thales Nebel kaum bestreifen
Und klar des Schneegebirges Häupter ragen.

Den Busen auch durchwüthen wilde Stürme,
Doch nie den Geist vermögend zu erheitern,
Nur ihn mit wüster, öder Leere füllen.

Der Seele Sonnenschein entstralt dem Willen,
Nur ihm gelingt es, das Gemüth zu läutern,
Daß gegen Leidenschaften Ruh' es schirme.

Eigene Befriedigung.

Des Lebens Wege zahllos sind verschieden,
Gesucht die einen, andere gemieden;
Allein zum gleichen Ziele alle bringen,
Im Erdenschooße sich zusammenschlingen.

Wer sucht des Busens tief einsamen Frieden,
Die Seelenruh' von Jenseits schon hienieden,
Wählt nicht sich Pfad, den vor ihm andre gingen,
Weiß nach dem Ziel auf kürzerem zu ringen.

Er feste Mauer, dreifach ehern, ziehet
Um das, was in der Brust ihm kocht und sprühet,
Und trennt vom Weg es, der nach außen führet.

Dann nur was aus sich selbst er schafft und bauet,
Geheim des Busens Tiefen anvertrauet,
Nichts sonst, Glück oder Unglück, ihn berühret.

Allein.

Wenn zwei Geliebte mit einander weilen,
Sie Einsamkeit von andren Menschen trennet; —
Denn Einsamkeit man es in Wahrheit nennet,
Wenn Zwei in Ein Gefühl sich selig theilen, —

Sie jedem Schicksal stark entgegen eilen,
Begeistert durch die Glut, die liebend brennet,
Und alle Wunden, die das Leben kennet,
In dieser Abgeschiedenheit sie heilen.

Nicht zwei sie nennt. Wenn Liebe je erwärmet,
Sie nur geschieden hier auf Erden scheinen;
Doch in dem tiefsten Wesen der Naturen

Sie unauflöslich Geist und Sinn vereinen,
Und alle Seligkeit der Liebe schwärmet
Still im Entdecken dieser Einheitsspuren.

Der Gymnast.

Ich liebe nicht die buntgemischte Menge,
Die mich umsteht in wogendem Gedränge,
Ihr lauter Beifall giebt mir keine Freude,
Und ihrem Blick ich zu begegnen meide.

Allein die Glieder ich, gestaltend, zwänge,
Sie rollend bald, bald dehnend in die Länge;
Denn ich von des Berufes Pflicht nicht scheide,
Und noch mein Leib mit Heiterkeit umkleide.

Wenn dann, nach der bestandnen Abendschwüle,
Ich mich in stiller Kammer ruhig fühle,
Erfreu ich mich am treu geübten Willen.

Doch würdig ist nur, was aus ihm entspringet,
Was sonst die Brust mit Lust und Schmerz durchdringet,
Sind süß und eigen nur Empfindungsgrillen.

Frage.

Aurora eilt voraus dem Sonnenwagen,
Der Rosse Hauch deckt Schultern ihr und Rücken,
Es glänzt ein Stralenmeer von Farbenblicken
Die flutend sich, wie Welle Welle, jagen.

Nicht unbegleitet auch die Nacht einschlagen
Kann ihren Schattenpfad; des Thaus Erquicken,
Als Botengruß, die finstern Wolken schicken,
Und Dämmrung muß ihr vor ihr Zwielicht tragen.

Im Leben nie sich volles Licht ergießet,
Ein schattig Grau damit zusammenfließet,
Wie zweifelnd, obs zu Tag, zu Nacht sich wende.

Ists Morgenroth, das einst in Tag verschwindet,
Ists Abenddämmerung, die Nacht verkündet,
Was scheuen Schritts uns führt zum Lebensende?

Wahre Unterhaltung.

Die Alten pflegten weisen Grund zu legen
Zu tiefgeschöpfter Zeugung des Gedanken
Durch des Gesprächs Hin- und Herüberschwanken,
Durch gleicher Gründe zwiefaches Erwägen.

Kein Wunsch kann menschlicher die Brust bewegen,
Als, um zu weichen aus den eignen Schranken,
Um fremden Sinn sich seelenvoll zu ranken,
Sich zu begegnen auf zwei Geisteswegen.

Und wenn dann Liebe das Gespräch begeistert,
Hervor es springt, wie frei entsproßne Blüthe,
Aus sehnsuchtsvoll getheiletem Gemüthe,

Sich höchste Seligkeit der Brust bemeistert;
Dann frisch und klar, wie feuchte Morgensonne,
Geht auf der Wechselrede heitre Wonne.

Resignation.

In ruhgem Schritt durchwandr' ich die Gefilde,
Wo mir aus längst vergangnen, edlen Zeiten,
Die alle Gattungen der Größe weihten,
Begegnen Trümmer mächtiger Gebilde.

In Wehmuth schmilzt des Busens tiefe Milde;
Wenn, die sich solcher Größe stolz erfreuten,
Doch unterliegend mit Zerstörung streiten,
Was dient dann noch dem Endlichen zum Schilde?

So aus der Wehmuth Milde quillt mir Strenge,
Und in dem weiblich sanft gestimmten Herzen,
Wie auch die Strenge möge bitter schmerzen,

Entsag' ich fest dem weichen Schonungstriebe;
Wenn Größe sinkt, kann dumpfe Wesensenge
Verlangen, daß auf sie man Rücksicht übe?

Zwiefache Richtung.

Was immer auch im Menschen sprießt und blühet,
Zwei Richtungen zugleich entgegenstrebet,
Wie sich der Zweig frei in die Luft erhebet,
Die Wurzel an die Nacht des Bodens ziehet.

Doch nicht, was in dem Menschen luftig glühet,
In seiner reinsten Geistigkeit auch lebet,
Was tief sich in den Schooß der Brust verwebet
Aus seiner Nacht zum Himmel Funken sprühet.

Er kann nicht hindern dies zwiefache Sprießen
Zu Weltgetümmel und zu Sinnenfülle,
Und in die farblos dichtgewebte Hülle,

Wo der Gedanke liebt sich einzuschließen;
Nur wehren muß er, daß der Wurzel Stille
Nicht störe üpp'ges in die Zweige Schießen.

Höchster Lebensgewinn.

Wo Friedrich Barbarossas Reuter zogen,
Zog ich in meines Glückes Jugendtagen,
Doch dacht' ich wenig jener dunklen Sagen,
Die längst hinweggespült der Zeiten Wogen.

Mir vom Geschick war Schönres zugewogen,
Ich durft' im Busen himmlisch Wesen tragen,
Und fühlen Herz an Herz in Liebe schlagen;
Nur diesem Ziel zu meine Schritte flogen.

Aus jenen sehnsuchtsvollen Jugendwegen
Ist mir erblüht des ganzen Lebens Segen
In allen Wandels lieblichen Gestalten;

Denn von der Jungfrau üppig holder Blüthe
Sah bis zum Tod im herrlichen Gemüthe
Ich jede Schönheit göttlich sich entfalten.

Der innigste Wunsch.

Wenn sehnsuchtsvoll nach etwas wird gerungen,
Ist's nicht Begierde bloß, es zu empfangen,
Es ist ein grundursprüngliches Verlangen,
In das die ganze Seele ist verschlungen.

Von Sehnsucht ist der Busen tief durchdrungen,
Wenn süßen Liebeglühens zartes Bangen
Erröthend färbt der Jungfrau holde Wangen,
Wenn ihr der Gegenliebe Wort geklungen.

Mit Sehnsucht wünscht man sich zum Schooß der Erde,
Daß Staub zu Staub und Geist zu Geiste werde,
Und Himmlisches von Irdischem sich trenne;

Allein am heftigsten die Sehnsucht glühet,
Daß, was das Erdenlicht, als Schatten, fliehet,
In Himmelslicht sich liebend wiederkenne.

Natur und Dichtung.

Gefüllte Blume keine Frucht je träget.
Sie bildet kein Geschlecht, bleibt immer Eine,
Nur Farbenschmuck, in lieblichem Vereine
Mit würzgem Duft, zur Schau den Sinnen leget.

Das, wodurch Dichtung uns die Brust beweget,
Ist auch Gewebe gleich aus farbgem Scheine,
Wie Welle, die in lustger Körperreine
An das entzückte Ohr, verhaltend, schläget.

Doch wenn sie beide sich im Menschen spiegeln,
Der Reichthum der Natur in Pracht der Sinne,
Die Dichtung in phantastisch zartem Glühen,

Dem Geist dann frei entkeimte Blüthen blühen,
Durch die zu unvergänglichem Gewinne
Sie alle Erdenfrüchte überflügeln.

Die Schauspielerin.

Warum kann ich nicht ganz versenket leben
Nur in die Rollen, die ich Abends spiele?
In ihnen ich mein bessres Dasein fühle,
Zur Wirklichkeit kehr' ich mit Widerstreben.

Was soll, wen mit geheimnißvollem Beben
Füllt Schicksalsmacht in Leidenschaftenschwüle,
Sich tauchen in der Hausbeschränktheit Kühle,
Wenn er kann frei in Aetherhöhe schweben? —

Wen Loos und Neigung fremd der Bühne halten,
Kann, als ihr Spiel, sein Leben doch behandeln,
Und in der Dichtung Wesenheit verwandeln

Der Welt vorüberrauschende Gestalten.
Mit Wonne dann er in Gedanken schweifet,
Und in die Wirklichkeit mit Unmuth greifet.

Stille Ergebung.

Ich lebe nur in kleiner, niedrer Hütte,
Und schöpfe dort der Seele tiefen Frieden,
Bin froh des Looses, das mir ist beschieden,
Und zügl' in Demuth meines Wandels Schritte.

Nie mir geschiehts, daß ich entgegenstritte;
Ich suche Ruhe, ungestört, hienieden,
Ich fühl' in Heftigkeit mein Blut nie sieden,
Und meine Zunge kennt nur sanfte Bitte.

Indem ich still mich an mein Schicksal schmiege,
Mach' ich das Erdenleben mir zur Wiege,
Die mich hinüberschaukelt zu dem Grabe;

In mir sich keine Stürme je erheben,
Nach Unerreichtem nicht Begierden streben,
Ich wünsche nichts, als was von selbst ich habe.

Abschied vom Meer.

Auf ewig: lebe wohl! ich dir nun sage,
Geliebtes Meer, du rollst die stolzen Wellen
Fort aus den ewig unversiegbarn Quellen,
Ich weit von dir beschließe meine Tage.

Das Schicksal wäget mit gerechter Wage;
Ich sahe Liebe meinen Pfad erhellen,
Ich fühl' Erinnrung meinen Busen schwellen,
Und fern ist meinen Lippen jede Klage.

Ein Tag, der sich in ewger Klarheit dehnet,
Kein tief empfindend Herz mit Lust erfüllet,
Es nach der Stille auch der Nacht sich sehnet,

Und freudig sich in ihre Schleier hüllet.
Das Meer sich meinem Blicke jetzt entwindet,
Bald auch in Dunkel ihm die Erde schwindet.

Der sterbende Schwan.

Wenn mit Gesang der Schwan das Leben schließet,
Er nicht, dem Helden gleich, der jauchzend schreitet
Zur Schlacht, wo Todesnähe ihn begleitet,
Die ewge Nacht mit Jubeltone grüßet.

Indem sein letzter Lebenstropfen fließet,
Sein Blick begeistert rückwärts sich verbreitet;
Dann aus der Brust, die Wehmuth sanft besaitet,
Er Dank und Klag' in Abendlüfte gießet.

Denn wie das Leben unentfaltet lieget,
Wenn sich das Kind in Säuglingsträumen wieget,
So sich in Eins im letzten Punkt es dränget.

Befreit von allem, was auf Erden enget,
In Harmonie, die sich zum Himmel schwinget,
Sich sinnvoll die Vergangenheit verschlinget.

Mannesmuth.

Das Schicksal wohl den Menschen löst und bindet,
Doch wessen Busen Mannesmuth empfindet,
Zur Reife seine Frucht entschlossen bringet,
Eh' ihn zu überraschen ihm gelinget.

Was aus der Zukunft für ihn los sich windet,
Ihm leise Ahndung innerlich verkündet,
Er kennt, was ihm den Grund der Brust durchdringet,
Und weiß, wie Faden sich in Faden schlinget.

Dann fasset ihn ein mächtiges Verlangen,
Die Knoten zu zerhaun, die sonst ihn bänden;
Er greifet ein mit unverzagten Händen,

Und giebt die Richtung, statt sie zu empfangen.
Denn wie des Schicksals Keim der Brust entsprießet,
So auch die reife Frucht er in sie schließet.

Die Römerin.

Das Römermädchen flicht zum Knauf die Haare,
Und steckt mit langer Nadel sie zusammen,
Den Sitten treu, die von den Vätern stammen
Durch langgedehnte Reihe grauer Jahre.

Der Jüngling fest die Treue ihr bewahre;
Wenn ihre Augen erst in Thränen schwammen,
Entlodern ihrer innren Gluten Flammen,
Daß sie ihm nicht der Nadel Wunde spare.

Denn Liebe nahe ist dem Tod verbunden,
Da sich in sie das ganze Dasein schlinget.
Wenn sie das vollste Glück der Brust gegeben,

Was soll dem Glücklichen das schaale Leben?
Wenn sie zur kühnsten Höhe still sich schwinget,
Ist unter ihr die Erde schon verschwunden.

Bescheidenes Glück.

Nur schlicht gekämmt ich trage meine Haare,
Und auf den Scheitel sie zusammen binde,
Und außer meinem dunklen Flechtenpaare,
Gefallen nicht an andrem Schmucke finde.

So meiner Jugend bald verschwundne Jahre
In emſ'gem Fleiße ab ich willig winde,
Und wenn ich Unmuth je in mir gewahre,
Schelt' ich mich hart, und acht' es mir für Sünde.

Man kann die Sorge aus dem Sinn sich schlagen
Als leichte Last auch saure Bürde tragen,
Und aus verborgen unerkannten Freuden

Sich einen Kranz geliebter Blüten flechten,
Der sanft umschmiegt des Busens bittres Leiden,
Und nicht erlaubt, mit dem Geschick zu rechten.

Das Hauskleid.

Am liebsten ich mein aschgrau Hauskleid trage,
Als Zeichen innerlich zufriedner Stille,
Es wird mir so bedeutungsvolle Hülle,
Und zeigt, daß ich nach Putz und Schmuck nicht frage.

Denn wie ich das Gewand nur um mich schlage,
Daß einfach es der Glieder Bau umquille,
Zieht sich auch meiner Brust Empfindungsfülle
Einsam zurück vom laut umrauschten Tage.

Und innig werd' ich doch von Dem verstanden,
An den geknüpfet ich mit ewgen Banden
Hin durch des Lebens stille Gründe gehe;

Und daß mich keiner außer ihm verstehe,
Der Liebe Odem einzig mich umwehe,
Davor längst alle andren Wünsche schwanden.

Sichere Fahrt.

An deiner Schöne weih' ich die Gedanken,
Da mir die Bilder, die aus lichter Ferne
Herleuchten, wie des Himmels nächt'ge Sterne,
Nie vor der Seele, nebeldämmernd, schwanken.

Empor die heiligsten Gefühle ranken
An ihnen, wie an festem Weltenkerne,
Und so mit jedem neuen Tag ich lerne,
Daß Liebe Seligkeit giebt ohne Schranken.

Wenn, abgestoßen auch vom Erdgestade,
Das Lebensschiff verfolgt unsichre Pfade,
Wo dunkles Ahnden nur die Richtung leitet,

Sie einzig nur auf die Geliebte schauend,
Und des Gefühles heilger Macht vertrauend,
Doch Steuer sich und Anker selbst bereitet.

Die Schönheit.

Die Schönheit ist der Menschheit höchste Blüthe;
Wenn sie, wie Hauch, nur die Gestalt umschwebet,
Gediegen sie hervor doch sinnig strebet
Aus dem von ihr durchstraleten Gemüthe.

Verein von Geiste, Reinheit, Seelengüte
Ein irdisch reich beglückend Dasein webet;
Doch wo die Allgewalt der Schönheit lebet,
Ists, als wenn Stral dem Himmel selbst entsprühte.

Sie faßt in Eine Knospe fest zusammen,
Worin sich Erd und Himmel hold umschlingen,
Und sendet ihre aetherreinen Flammen,

Daß in die tiefste Brust sie lodernd dringen,
Und sie, befreit von dumpfem Erdenmühen,
Zu freiem Aufschwung kräftigend, durchglühen.

Zuversicht in den Sternen.

1.

Sind denn die Schwäne alle fortgezogen,
Die sonst hier heimisch ihre Sitze hatten?

2.

Du siehst sie ziehn, des Stromes blaue Wogen
Mit den geschwellten Fittigen beschatten.

1.

Die falschen meine Hofnungen betrogen,
Irrlichtern gleich auf nebelfeuchten Matten.

2.

Die Sterne nur stehn fest am Himmelsbogen,
Sonst sich mit Allem Flucht und Wandel gatten.

1.

So wie der Schwäne silberweiße Schwingen,
Sah ich die Freuden meiner Jugend glänzen,
Und eilte rasch, damit mein Haupt zu kränzen,

Da nichts kann die entflohnen wiederbringen.
Erinnrungsvoll nun schau' ich auf die Sterne,
Die Zuversicht entsenden dunkler Ferne.

Die althellenischen Gestalten.

Zu euch, ihr althellenischen Gestalten,
Treibt innre Sehnsucht mich zurückzukehren,
Ich kann des Busens heißem Drang nicht wehren,
Wenn andre Bahnen auch noch fern mich halten.

Die Formen, die sich reich in euch entfalten,
Den Geist mit tiefer Schönheit sinnig nähren,
Und zum Olymp den freien Pfad gewähren
In mächtig angeknüpftem Wechselwalten.

Was irr' ich noch um ferne Meergestade,
Wo keine Nais spielt im Wellenbade,
Und die umschwärmt barbarischer Nomade?

Wie mag ich selbst an Indus Ufern weilen,
Und nicht die Klänge zu vernehmen eilen,
Die alte Schicksalswunden lindernd heilen?

Hülfe von Oben.

Wenn Blick der Gottheit mild den Menschen grüßet,
Sie in die Brust ihm sicheres Vertrauen,
Auf das er kann bei schwerem Werke bauen,
Wie Tropfen heiterer Begeistrung, gießet;

Wenn dieser Sonnenblick nicht freundlich schießet
In kalten Erdenlebens dämmernd Grauen,
Kann Glanz nicht die Gedanken frisch umthauen,
Und nüchtern hin ihr träges Strömen fließet.

Doch diese Gabe reiner Göttermilde
Herab kein Flehen und kein Sehnen bringet,
Wenn nicht der Geist sich ihr entgegen schwinget.

So, wandernd durch die dunklen Erdgefilde,
Bedarf der Mensch des Muths schon, der ihm fehlet,
Eh' seine Kräfte Hauch der Gottheit stählet.

Schriftenthüllung.

Inschrift in uns nicht mehr bekannten Zügen
Doch den Gedanken sicher weiter träget,
Wie man die Zeichen kann zum Sinne fügen,
Er klar und hell sich auseinander leget.

Das Wort, des Klänge dann entfesselt fliegen,
Vernehmlich an das Ohr des Hörers schläget,
Froh, wieder sich an Menschenbrust zu schmiegen,
Die es in ihrem stillen Ernste wäget.

So ruhend oft in Schlummers dunklem Bette,
Die Wahrheit doch durch alle Zeiten gehet
In engverbundener Gedankenkette,

Wenn oft auch erst sie spät Geschlecht verstehet.
Denn wie der Zeiten Graus es mag bedecken,
Kann, was der Mensch gedacht, Mensch wieder wecken.

Jenseits.

Kann jemals sich von dem Gefährten trennen
Die Seele, und getrennt für sich bestehen,
Die, nur belebt von seines Odems Wehen,
Ist seiner Fibern Götterklang zu nennen?

Hier scheitert unser lichtvolles Erkennen,
Den Glauben hemmet, was wir deutlich sehen,
Und wenn wir hoffend durch das Leben gehen,
Lockt uns des Busens heißes Sehnsuchtbrennen.

Die ahndende Gewalt, die in uns lebet,
Mit Wahrheitskraft empor zum Aether strebet,
Und reißt uns fort, ihr sicher zu vertrauen;

Die Liebe kann, verheißend, nimmer trügen,
Ihr stilles Neigen muß den Stoff besiegen,
Wir müssen wieder, was wir selbst sind, schauen.

Jenseits.

Das Dasein kann an neues Sein sich binden,
Wie Bach zum Strom und Strom zum Meere schwillet;
Doch wird das tiefe Sehnen nur gestillet,
Wenn man kann wieder das Gewohnte finden.

Des Wesens Würd' und Anmuth sich verkünden
In der Gestaltung, die sie hold umhüllet,
Und wo im Busen heiße Liebe quillet,
Kann nur der gleiche Funke sie entzünden.

Wenn aus den schön gezognen, milden Schranken,
Die es umschreiben, muß ein Wesen schwanken,
Und sich in Allgemeinerem verlieren,

Kann nicht sein stilles Sein die Brust mehr rühren;
Es fehlt der Hauch, deß innres, heilges Wehen
Macht, daß sich Seel' und Seele leis verstehen.

Jenseits.

So wär' umsonst des Wiedersehn's Verlangen?
Wie Harfenlispeln nach und nach verklinget,
Wie schwach und schwächer stets die Saite schwinget,
So wär' einst ohne Spur sie hingegangen?

Der Mensch auch weiß nicht, wie er angefangen,
Kein Forschen über Lebens Gränze bringet.
Wohin es führt, was in das Dasein bringet?
Darauf nie Worte sichrer Kunde klangen.

Bewußtsein kann zwei Leben nicht verketten,
Sagt man, das eine muß in Nacht sich betten,
Nichts kann die Kluft der Welten überbrücken.

Doch kann auch Dasein Untergang nicht leiden,
Drum muß es ewig sich in Wechsel kleiden,
Und ungewisser Hofnung Blume pflücken.

Der Erde Dämmerhelle.

Ich habe gern die mondumkreiste Erde,
Die stille Freuden zahlreich mir gewähret,
Die Menschen und die Thiergeschlechter nähret,
Und sichren Wohnsitz giebt am Heimathsheerde.

Ich trage willig ihrer Müh' Beschwerde,
Und beut sie Schmerz, mich nicht gleich Gram verzehret;
Die Himmelsglut, die in der Brust mir gähret,
Bürgt, daß sie mir nicht ewger Kerker werde.

Doch wandl' ich gern in ihrer Dämmerhelle,
Und freue mich der leichten Lebenswelle,
So oft sie an die Brust mir, kehrend, schläget,

Zum neuen Sonnenlauf mich weiter träget,
Bis sie mich sanft birgt an des Grabes Schwelle,
Und mich in ihren Schooß die Erde heget.

Aline.

Wo breiter Strom in reiner Klarheit fließet,
Langsamen Zuges schwere Schiffe träget,
Der Mühlen fleißge Räder still beweget,
Und seine Ufer, strömend, freundlich grüßet;

So sich Alinens Leben hin ergießet,
Von willger Herzensgüte angereget,
Die Ein Bestreben nur mit Sorgfalt heget,
Daß einfach es der Kreis der Pflicht umschließet.

Sie hascht genügsam niemals nach Genusse,
Kein Erdenschicksal füllt sie mit Verdrusse,
An keines Lohnes Hofnung sie sich lehnet;

Sie wünscht dem Tag nicht mehr, noch wen'ger Stunden,
Und wenn des Lebens Knäul sie abgewunden,
Ist Grabesruh ihr lieb, doch nicht ersehnet.

Leontine.

Wie dunkle Myrte still bescheiden stehet,
Mit keiner bunten Farbenpracht sich schmücket,
Durch keiner Blüte Wohlgeruch entzücket,
Man weiß nicht wie, von Anmuth doch umwehet;

So Leontine durch das Leben gehet,
Und unverwandt nur auf den Einen blicket,
Den jeder Erdenmühe sie entrücket,
Und ihm den Himmel öffnet sternbesäet.

Als wäre sie in Nebelduft gehüllet,
Sie durch die Menschenmenge sich beweget;
Kein Wort aus ihren stillen Lippen quillet,

Das nicht sich an den Tiefverehrten wendet,
In dessen Lebenskreis sie eingeheget,
Treu jeden Tag beginnt und jeden endet.

Der Bodensee.

Der schöne See, an den sich Constanz lehnet,
Den Weingelände reizend rings umgeben,
Und wo sich Inseln anmuthvoll erheben,
Um die sein Flutenreich er rollend dehnet,

Der in der Zeit, nach der vergeblich sehnet
Sich meines Busens tiefstes innres Leben,
Sah mich mit ihr auf leichtem Kahne schweben
Bei Sturm, den man auf ihm gefahrvoll wähnet.

Doch wenn, die Lieb' und Eintracht süß vereinen,
Der Wellen Schaukelnachen froh besteigen,
Auch unter Wolken milde Sterne scheinen.

Denn Einklang durch die ganze Schöpfung gehet,
Und mit des Busens stillem Liebesneigen
In Bund das Reich der Elemente stehet.

Freiheit und Wirklichkeit.

Die edle Freiheit des Gemüthes sprießet,
Wie Blüte, aus der Knospe der Gefühle,
Sie kennet nicht der Leidenschaften Schwüle,
Besonnen sie und milde sich erschließet.

Dann aber muthig sie den Himmel grüßet,
Wie, breitend unten süßen Schattens Kühle,
Des Baumes Gipfel, daß ihn Luft umspiele,
Hoch in das Reich der Lüfte freudig schießet.

So lange sie und ihre Sinnverwandte
Hienieden, göttliche Gestalten, gingen,
Sah man dies Götterkind auf Erden blühen.

Jetzt das Gemüth hernieder, fesselnd, ziehen
Die Wirklichkeit und ihres Werks Vollbringen,
Und jene Freiheit trauert, als Verbannte.

Arria.

Er schmerzt nicht! Arria gelassen sagte,
Und reichte hin den Dolch dem edlen Gatten;
Sie lud ihn mit sich in das Reich der Schatten,
Und er zu folgen ihr nicht zögernd zagte.

Die fest Entschlossne nicht erst ängstlich fragte,
Ob Glück die Götter ihr bereitet hatten,
Wohin sie, ohne weibisch Kraftermatten,
Mit kühnem Fuß beherzt zu gehen wagte.

Sie wollte nicht mit Schmach die Erde schauen,
Die ihren Pätus nicht mehr tragen sollte;
Das Leben sie mit muthger Treu' ihm zollte,

Und nicht geschrecket durch des Schicksals Schläge,
Ward Führerin ihm auf dem finstren Wege,
Und keine Thräne ließ ihr Aug' umthauen.

Ein Geheimniß.

Der Menschen Kunde täglich sich vermehret,
Die Sterne mißt, und Erd' und Meer durchspähet,
Doch um was sich die innre Weisheit drehet,
Liegt heute, wie die Vorzeit es gelehret.

Wie tief der Mensch auch forscht, in sich gekehret,
Ein still Geheimniß durch die Schöpfung gehet,
Und unsichtbar der Hauch der Wahrheit wehet,
Und dunkles Ahnden kaum dem Geist gewähret.

Doch an zwei Punkten alle Lösung hänget:
Was das ist, das die Seele hier umkleidet,
In Staub sich löst, in Stein zusammen dränget?

Und was ein Wesen von dem andren scheidet,
Da, die der Liebe süße Band' umwinden,
Doch Eins in zweien ewig nur empfinden.

Gefiederte Sänger.

Die Vögel trillern ihre muntren Lieder,
Daß weithin Feld und Wald davon erklinget;
Wie in die Lüfte hoch ihr Flug sich schwinget,
Tönt noch melodischer ihr Zwitschern nieder.

Denn eng verknüpft sind Stimme und Gefieder;
Kein Thier, das frei nicht durch die Lüfte dringet,
Des Liedes Weihe dar dem Himmel bringet,
Einförmger Ruf nur schallet von ihm wieder.

Doch auch der Vögel glückliche Geschlechte
Genießen des Gesanges heilge Rechte
Nur, wenn der Liebe Trieb sie süß begeistert.

Wenn diese Augenblicke sind verschwunden,
Die von der Thierheit Fesseln sie entbunden,
Dann dumpfe Stummheit ihrer sich bemeistert.

Die Pflanzenseele.

Der Blätter Fülle jährlich sich erneuet,
Und stirbt am Baume jährlich welkend wieder;
Er sie als Schmuck, so scheint es, schüttelt nieder,
Und fort sich seines eignen Lebens freuet.

Allein vielleicht ihm nicht bloß an sich reihet
Ihr krauses Laub, als wären sie ihm Glieder,
Gleich zartem Haar und flaumigem Gefieder,
Vielleicht daß er nur ihnen Wohnsitz leihet.

Dann sind sie selbst das wahre, rege Leben,
Das froh mit jedem neuen Lenz erblühet,
Und durch den Stamm ein tausendfaches Streben

Aus der entfernten Wurzel Nahrung ziehet.
Doch nur in ihnen sich der Hauch erschließet,
Der mild die Luft, als Pflanzenseele, grüßet.

Die Nebel der Zukunft.

Vom Reigen aller flüchtgen Tagesstunden
Am meisten ich den ernsten Abend liebe;
Dann ist das Sonnenkind dahin geschwunden,
Und keiner wünschet, daß es ewig bliebe.

Sei es mit Rosenkränzen hold umwunden,
Sei früh schon seines Lebens Morgen trübe,
Folgt gern das Herz, durch Stillstand nicht gebunden,
Dem fortzustreben angebornen Triebe.

Denn wenn die Zeit von selbst dahin nicht flöhe,
Sie unsre Sehnsucht fort mit sich doch risse,
Sie treibet uns ins ferne Ungewisse,

Die dichten Nebel, die die Zukunft decken,
Nicht dürfen unsere scheuen Busen schrecken,
Wir müssen hin auf mehr besonnte Höhe.

Die Farben.

Was spricht sich aus in jenen farbgen Zügen?
In stillem Blau der heitre Himmel schwimmet,
Und sanftgebogen sich die Welle krümmet;
Dann unentrollt noch die Gefühle liegen.

Roth brennendheiß der Flamme Funken fliegen,
Roth Kohlenglut, bedeckt von Asche, glimmet;
Zu tiefem Schmerz dann mehr, als Lust gestimmet,
Das Herz an sein Geschick bewegt sich schmieget.

Aus Roth auch Blau, wie Blüte, sich entfaltet,
Dann nach Bewegung einsam Stille waltet,
Und keine Flamme mehr der Busen schüret.

Allein dem Blau auch wieder Roth entsprühet,
Was dann im tiefen Herzen hat geglühet,
Sich unbefriedigt bang in Gram verlieret.

Wesen der Dichtung.

Die Dichtung um des Dichters Schläfe flieget,
Doch läßt sich locken auch durch leise Töne,
Wenn man, von zaubrischer Gestalten Schöne
Umschwebet, sich in süßen Träumen wieget.

Allmälig Bild an Bild sich sanft dann schmieget,
Der Mund, daß er das Ohr an Reim gewöhne,
Sucht sorgsam, daß er Laut mit Laut versöhne,
Und endlich Zeile sich zu Zeile füget.

Denn doppelt Dichtung mächtge Wurzel schläget
In Menschenbrust und der Natur Gestalten,
In uns sie bald aus diesen sich ergießet,

Und bald empor aus unserm Busen schießet;
Wenn nur der Mensch die Phantasie läßt walten,
Sie willig ihn in Erdenferne träget.

Tagesschluß.

Vor Helios Gespanne rüstig schreitet
Eos, und in der Hand die Fackel träget,
Mit Rosenglanz den Himmel überbreitet,
Und wie sie kommt, die frohe Welt sich reget.

Denn um zu spähn, was ihm der Tag bereitet,
Dem Tagsgestirn sich jeder zu beweget,
Und wie des Morgenrothes Schein er deutet,
Sich um die Brust ihm Furcht und Hofnung leget.

Doch wenn auch Ruhm und Macht ihm fröhlich sprießet,
Wird doch er bald des Tagesglanzes müde,
Und nach dem stillen Dämmerlicht sich sehnet.

So sich der Lauf der Tageszeiten dehnet,
Bis ihn geweihter, mitternächtger Friede
Im Angesicht der Sterne sanft beschließet.

Des Traumbilds Element.

Wenn sanft das Haupt sich in das Kissen schmieget,
Von allen Tagsgedanken abgeschieden,
Nur suchend stiller Ruhe tiefen Frieden,
Herbei der Reigen luftger Träume flieget,

Und Traumbild doch die Wirklichkeit besieget.
Nichts ist so fein und zart gewebt hienieden,
Es führt in Feenland den Lebensmüden,
Und ihn auf goldnen Wolken wonnig wieget,

Und ist es beim Erwachen auch zerronnen,
Sind seine Fäden dennoch fest gesponnen,
Nur biegsam in des Schlummers Bildnerhänden.

Denn in des Busens tief geheimsten Gründen
Die Träume ihres Wesens Wurzel finden,
Und von da auf uns seine Schatten senden.

Macht des Gesanges.

So wie die Sonne kehrt in festen Gleisen,
Selene regelmäßig neu erscheinet,
Der Morgen froh entstralt, die Nacht sich bräumet,
So mir begegnen des Gesanges Weisen.

Wie Götterhauptes Haare niemals greisen,
Und Niobe in ewgem Schmerze weinet,
Mir sich, mit dem Gefühl der Brust vereinet,
Des Liedes Quellen unversiegt erweisen.

An Alles leicht sich flüchtge Reime hängen,
Und in des Lebens labyrinthschen Gängen
Gebricht nicht Stoff, den sprossenden Gedanken

Zu führen in der Dichtung luftge Räume,
Wenn man das ungemessne Feld der Träume
Vorzieht der Wirklichkeit beengten Schranken.

Die letzten Schranken.

Von kleinem Hügel man zu größrem steiget,
Um frei in weite Ferne auszublicken,
Doch höhern Berges langgedehnter Rücken
Sich, weite Aussicht hemmend, immer zeiget.

Und jede Stufe neue Sehnsucht zeuget,
Man träumt von nie geahndetem Entzücken;
Da plötzlich Gipfel ihre Schatten schicken,
Wo jeder Laut lebendgen Wesens schweiget.

Die bleiben dann vom Wandrer unerstiegen,
Er sieht, er muß ein Ziel dem Suchen stecken,
Und auf den letzterreichten Höh'n verweilen.

So auch des Lebens Stufenalter eilen;
Erst wächst das Licht, dann sieht man Nacht sich strecken,
Und zweifelt, ob sie Funken überfliegen.

Erfüllte Bestimmung.

Dem ziemt der Preis, daß wahrhaft er gelebet,
Der, hätt' er wenig auch in That erstrebet,
Als Lücke in der Menschheit wird empfunden,
Wenn er den Lebensfaden abgewunden.

Denn an der Menschheit reichem Teppich webet
Nur, wer aus innrer Kraft sich frei erhebet,
Und wer in ihren Blüthenkranz gebunden,
Was nur er konnt' in eigner Brust erkunden.

Der lebt dann fort im menschlichen Gemüthe;
Wie jeden Lenz der Erde sich entwindet
Auf seinem Grabe neu verjüngte Blüthe;

So, wenn in Dunkel auch sein Name schwindet,
Das Feuer, das ihn heilig einst durchglühte,
In später Zeit noch lichte Funken zündet.

Heimfahrt.

So sind die flücht'gen Jahre denn vergangen,
Wo meine Seele Kummer nie getrübet,
Wo, liebend, wieder inniglich geliebet,
Ich reines Glück aus güt'ger Hand empfangen.

Jetzt glüht nicht Freude mehr auf meinen Wangen,
Das Menschenschicksal hat sein Recht geübet,
Es nimmt zurück die Gaben, die es giebet,
Und löst die Arme, die sich treu umschlangen.

Des Schiffes Segel ist schon aufgezogen,
Das mich zur Küste gegenüber träget,
Vom Wind umspielt sein Wimpel flatternd wehet.

Ob auch die Fahrt durch nächtge Wellen gehet,
Wenn nur dieselbe Hand mein Loos dort wäget,
Die hier mir Seligkeiten zugewogen.

Die stillen Nächte.

Ich wandre oftmals durch die stillen Nächte,
Wenn längst schon ruhn der Sterblichen Geschlechte;
Denn Sehnsucht brennend mich nach ihr verzehret,
Die Ruhe nie zugleich und mich entbehret.

Sie Wunsch nie hegt, der mich nicht nah ihr brächte,
Und meine Nähe ihre Ruh nie schwächte;
Da sie, was ihr erreichbar ist, begehret,
Sich der Erfüllung Schale nie ihr leeret.

Ich aber blicke zu den nächtgen Sternen
Und meine leisen Seufzer still sie fragen,
Wenn so ich Fuß vor Fuß geduldig setze:

Kommt je mir Lohn aus euren lichten Fernen?
Dann klar mir ihre Stralenblicke sagen:
An unserm Anblick dich im Dulden letze!

Omen accipio.

Wenn man ein Wort hält in der Brust gefangen,
Weil es Entweihung scheint, es auszusprechen,
Und es aus fremdem Mund hört plötzlich brechen,
Fühlt man befriedigt innerlich Verlangen.

Die Töne wirklich nun dem Ohre klangen,
Und ihre Weihe kann der Laut nicht schwächen,
Sie haben sich an keiner Schuld zu rächen,
Da Dasein sie vom Zufall nur empfangen.

Wie günstig Zeichen her vom Himmel blitzet,
Wie Adlersflug erscheint zur rechten Seite,
Geziemts, daß man solch Worterschallen deute.

Denn mit dem Menschen in geheimem Bunde
Steht die Natur, und in geweihter Stunde
Verkündet ihm, daß sie den Armen schützet.

Hofnungslose Sehnsucht.

Warum willst Sehnsucht du, nie endend, nähren?
Die Trauer kann den Busen nie verlassen,
Man kann die Schmerzen leiden, doch nie hassen,
Nicht wünschen, ihren Becher je zu leeren.

Doch Sehnsucht ist ein eiteles Verzehren,
Worin nur Gegenwart kann, lebend, prassen;
Will sie mit Geisterarmen Tod erfassen,
Verlangt, was keine Gottheit kann gewähren.

Ich weiß es wohl, mich Hofnungen nicht trügen,
Der Tropfen, der dahin floß, niemals kehret,
Doch der Gewalt der Sehnsucht das nicht wehret;

Sie zieht in schmerzensreichem Wonnestreben
Aus der Unmöglichkeit ihr quillend Leben,
Und wächst, je ferner ihre Güter liegen.

Des Geistes Heimath.

Oft wenn der Körper krankt, der Geist sich hebet,
Er freier in das Reich der Ahndung schauet,
Und sichrer seinen Deutungen vertrauet,
Wenn nicht zu mächtig mit der Körper strebet.

Denn immer doch die Sehnsucht ihn umschwebet,
Zu wirken, nur von seinem Hauch umthauet,
Und nur was er aus eignem Stoffe bauet,
Scheint ihm aus innrer Wahrheit ächt gewebet.

Im voraus athmend in des Aethers Lüften,
Graut nicht ihm vor den nachtumgebnen Klüften,
Die dieser Erde Dasein schroff begränzen.

Er einsam kühn die neuen Pfade gehet,
Und sich begeistert zu den Sphären drehet,
Die neue Stralen ihm entgegenglänzen.

Egmont.

Der zu befrein sein Volk vom Joche strebte,
Egmont, wenn er für Klärchen liebend fühlte,
Und süß vertraut mit ihren Locken spielte,
Drum minder nicht dem ernsten Werke lebte.

Der Menschheit Höchstes ihm die Brust umschwebte,
Und was mit todtem Handeln er erzielte
Ihm nicht die tief lebend'ge Sehnsucht kühlte,
Wenn nicht ihm Liebeshauch entgegen bebte.

Freiheit und Liebe sind die schönen Klänge,
Die alles Edlen Inbegriff umschlingen,
Nichts Großes ist, das ihnen nicht entspränge.

Sie hin nach außen und nach innen ragen,
Daß, wenn der Wolken Dunkel wir durchdringen,
Wir Götterlicht uns sehn entgegen tagen.

Gegenliebe.

Die Liebe nährt sich wohl von Gegenliebe,
Doch wächst auch, wenn ihr diese Nahrung fehlet;
Sie nicht Erreichbares, nicht Glück sich wählet,
Stammt, selbst sich unbewußt, aus dunklem Triebe.

Wenn ihr auch nichts, als ihre Sehnsucht bliebe,
Sie nie die reichvergoßnen Thränen zählet,
Mit süßer Lust ist doch ihr Schmerz vermählet,
Wie Luna's Schimmer blickt durch Wolkentrübe.

Nur Wenigen des Busens Stärke quillet,
Des Liebesglückes Sonnenschein zu tragen,
Und diesen immer Gegenliebe blühet,

Denn Himmelsglut an Himmelsglut erglühet;
Die Meisten nur gedeihn im Morgentagen,
Von trübendem Gewölke bald umhüllet.

Die Cypressenallee.

Ich sah euch lang nicht, finstere Cypressen,
Durch euch einst meiner Jugend Schritte gingen,
Doch wie des Schicksals Pfade sich verschlingen,
Kann ich an euch im Herzen wohl ermessen.

Der Jugend Trauer hatte ich vergessen,
Weil mir des Lebens Loose heiter hingen,
Da hört' ich plötzlich scharfe Töne klingen,
Die Seufzer meiner bangen Brust entpressen.

Zurückgedrängt ward' ich in eure Schatten,
Die ihr am Abend, weithinreichend, sendet,
Und wenn mein Blick sich zu den Wolken wendet,

Seh' ich ihr Licht an eurer Nacht ermatten.
Ich kann auf Hülfe nicht vom Himmel zählen,
Muß mit der Erde Dunkel mich vermählen.

Die Ewiggütige.

Wenn ich der Ewiggütigen gedenke,
Die mich begleitet süß hat durch das Leben,
Ich in die schönste Wirklichkeit mich senke,
Die Menschen je auf Erden hat umgeben,

Und scheinbar nur in Wirklichkeit ich lenke
Den Blick; es ist ein himmelhoch Erheben.
An Himmelsthaue ich entzückt mich tränke,
Wenn ich des Bildes Klarheit kann erstreben.

Mit ihm durchschleiche ich des Alters Tage,
Und Seligkeit die Seele reich mir füllet,
Mein Thun ist längstverklungne Vorzeitsage,

Doch mein Genuß in ew'gem Strome quillet.
Denn wie mit unsichtbaren Geisterhänden
Fühl' ich mir ihn sie ewig gütig senden.

Höchste Gerechtigkeit.

Wenn Güte und Gerechtigkeit verbunden,
In Einer Brust, wie Zwillingsschwestern, wohnen,
Ist die, worin die Gottentsproßnen thronen,
Von Ernst und Milde, streng und sanft, umwunden.

Sie theilen nicht sich in des Tages Stunden,
Nach Laun' und Zufall nicht verzeihn und lohnen,
Ihr strenges Ahnden und ihr mildes Schonen
Nach reifer Weisheit schlägt und heilet Wunden.

Wenn eine beider Himmelsschwestern fehlet,
Ist finstre Schattenseite im Gemüthe.
Doch giebt es auch Naturen, auserwählet,

Wo die Gerechtigkeit so Wurzel schläget,
Und Schuld und Unschuld so erhaben wäget,
Daß sie vertritt die Stelle aller Güte.

Jugend und Alter.

Der Jugend Bilder sind die süßen Träume,
In die am liebsten ich mich sinnend senke,
An ihrem Glanze ich mein Alter tränke,
Und schweif' hinaus in sonnenlichte Räume.

Der Jugend ziemt das Wort: ich überschäume,
Und des Genusses Becher voll mir schenke;
Das Alter fordert, daß Vernunft es lenke,
Ihm ziemt das Wort: ich mäßig bin und säume.

Doch wie die Sonne glänzet noch und scheinet,
Wenn auch verschwunden ist die Kraft der Stralen,
Und Schein und Wesen dient zwei Hemisphären;

So ist's dem Alter süßes Lustgewähren,
Wenn sich im Wiederschein die Bilder malen,
Worin sich Gegenwart und Vorzeit einet.

Der Zug nach Oben.

Ich tauchte oft mich wohl in Weltgeschäfte,
Erprobt an ihnen ernsthaft meine Kräfte,
Versuchte wagend, wie mein Loos mir fiele,
Und führte manche zum erwünschten Ziele.

Doch nie dem Wahn ich Anderer nachäffte,
Als wenn des Menschen Heil sich daran hefte;
In stiller Nacht, in Abenddämmrungs-Kühle
Senkt ich mich tief in höhere Gefühle.

Wie dem, der schwebend in die Lüfte steiget
Auf leichtem Ball, die Erde plötzlich sinket,
So Höhe labend uns von oben, winket,

Wo mehr sich nichts von dieser Erde zeiget,
Und dieser Höhe zu den Flug zu lenken
Muß von der Welt zur Brust den Sinn man senken.

Der Wahrheit Gewinn.

O zweifle nicht, die Wahrheit klar zu sehen!
Wie du es willst, muß nackt sie vor dir stehen.
Du darfst nur an die Kraft des Geistes spannen,
Und Wahn verjährter Vorurtheile bannen.

Wohin du magst den Blick der Forschung drehen,
Um die Natur sich Täuschungsfäden spannen,
Doch alle sinken vor dem Kraftermannen,
Und reine Wahrheitslüfte dich umwehen.

Dem Menschen gern sich die Natur entschleiert,
Der, weil er Wahrheit suchet, Wahrheit findet,
Sie willig ihr Geheimniß ihm vertrauet,

Und sich im Spiegel seiner Seele schauet,
Sie ihre eigne stille Größe feiert,
Wenn sie Erkenntniß fest in ihm begründet.

Ergebung.

Auch mir kann der Verderbensstral erscheinen,
Der feurig sich vom Riesenbach erhebet;
Doch meine felsenfeste Brust nicht bebet,
Und kindisch feige nicht die Augen weinen;

Was liegt verborgen in des Schicksals Schreinen,
Von unerforschtem Dunkel ist umschwebet;
Doch Alles, was auf Erden athmend lebe',
Muß sich ihm beugen, es verschonet keinen.

Drum hebe, Flamme, dich in näch'ger Stille!
In langer Reihe süß verlebter Jahre
Genossen habe ich der Freuden Fülle;

Muß jetzt ich schmecken des Geschickes Strenge,
Ich mit Gelassenheit darin gewahre
Der Dinge Wechsel in der Zeiten Länge.

Des Herrschers Glanz.

Des Herrschers Glanz, wie Sonnenstral, nie bleichet,
Er sich ergeht in Marmor-Säulengängen,
Nie über seinem Haupte Wolken hängen,
Der zartste Duft vor seinem Hauche weichet.

Der Größe Gipfel hat er voll erreichet.
Die Völker des Palastes Thor umdrängen,
Die Riesentreppen ihre Züge engen,
Und schimmerlos kein Augenblick verstreichet.

Er weiß nicht, wie sich Glück und Unglück gatten,
Er kennet keines Dinges Erdenschatten.
Wie, denen überm Haupt die Sonne stehet,

Nach keiner Seite können Schatten schlagen,
Giebt es nicht Nacht für ihn, noch dämmernd Tagen,
Von wandellosem Licht umhüllt, er gehet.

Zoroaster.

Wir dich des Perserlandes Weisen nennen,
Nicht weil wir wissen, daß du hast gelebet,
Nur weil seit grauer Zeit dein Name schwebet
Um Lehre, die wir selbst nur dunkel kennen.

Du sahst die Gottheit in des Feuers Brennen,
Das sich empor mit spitz'ger Flamme hebet,
Den Stoff zu läutern durch Verzehrung strebet,
Und Ird'sches weiß von Himmlischem zu trennen.

Wenn es, umfassend ihn mit tausend Zungen,
Am Körper alles Irdische ertödtet;
Zum Himmel, den es fernhinstralend röthet,

Hat längst die Seele aufwärts sich geschwungen,
Und treue Urne birgt in kleinem Raume
Den letzten Ueberrest vom Lebenstraume.

Spes.

Der Wunsch, den täglich ich dir, Säule, sage,
Verläßt nicht meiner Lippen treue Pforte;
Zu dem durch stummen Schmerz geweihten Orte
In stiller Brust ich ihn tiefschweigend trage.

Auch fern begleitet er mich alle Tage,
Und dienet mir zum wahren Schicksalshorte;
Denn einmal kommt Erfüllung doch dem Worte,
Drum ich geduldig, wenn sie säumt, nicht klage.

Zwei Zeiten kann es für den Menschen geben,
Die eine, wo am süßen Licht er hänget,
Die andre, wo es ihn zum Dunkel dränget.

Doch Alle beide Zeiten nicht erleben;
Mir ward es, und ich willig es gewahrte,
Weil ich geliebter Brust so Schmerz ersparte.

Der Wehmuth Hafen.

Den stillen Kahn, der mich hierher getragen,
Zur Rückkehr niemals wieder ich besteige;
Hier ewge Wohnung hab' ich aufgeschlagen,
Wo nur der Himmel ist mein ernster Zeuge.

Hier fühl' ich endlich meine Ruhe tagen,
Und dankerfüllt ich meine Kniee beuge;
Jetzt meine sichren Schritte nicht mehr zagen,
Gesieget hab' ich, doch vom Sieg ich schweige.

Und kostet theuer er dem armen Herzen,
Das widerstrebend rang mit seinen Schmerzen,
Jetzt hat es, wie es wollte, überwunden.

Gelagert ist der Schmerz in Todesstille,
Er starr und fühllos blickt durch dichte Hülle,
Und nun in Wehmuth kann die Brust gesunden.

Die letzte Hütte.

Erwünscht erscheinet mir am Grabesrande,
Wer magisch kommet her vom Schattenlande;
Er nimmt hinweg mich aus der Menschen Mitte,
Und leitet meine ungewissen Schritte.

Ich wage gern die Fahrt zum andern Strande,
Wo aufgelöst sind alle Lebensbande;
Mich willig füg' ich jeder Menschensitte,
Und menschlich ist das Grab, so wie die Hütte.

Denn Hütt' und Grab bezeichnen wohl das Leben;
Sie sind dem Menschen Wohnung hier und drüben.
Doch aus der Hütte wird er oft getrieben

Durch äußre Macht und innres heißes Streben;
Wenn aber traulich ihn das Grab umfänget,
Der dunkle Schooß nicht wieder ihn verdränget.

Aphrodite.

Dem Meer entblühten deine holden Glieder,
Umthaut von seiner Perlenfluten Reine,
Dann goß des Himmels Pracht auf dich sich nieder:
So stralest du in magischem Vereine.

Entzückt umrauschten dich der Musen Lieder,
Dich grüßte Hebe mit dem Götterweine,
Zeus Adler sänftigte sein Glanzgefieder,
Gerührt von deiner Schönheit Wunderscheine.

Dem Menschen wurdest du der Schönheit Quelle,
Du schenktest ihm die seelenvolle Liebe;
Und wie der Strand empfängt das Bild der Welle,

So bildete sich aus dem süßen Triebe
Das, was den Menschen mit dem Gotte gattet,
Des Himmels Glanz, von Erdenreiz beschattet.

Schule des Lebens.

Ich strengen Ernst tief im Gemüthe trage,
Und drum nicht heiter stets durchs Leben gehe;
Doch weiß ich deutlich immer, wo ich stehe,
Mich falsch nie freue, und von Wahn nicht zage.

Da ich genau weiß immer, was ich wage,
Ich der Gefahr mit Muth ins Auge sehe,
Mich nicht nach jedem Wind des Schicksals drehe,
Und selbstgewählte Bahnen dreist einschlage.

Früh hat das Leben mich dem Ernst vermählet,
Von innen aus hab' ich die Brust gestählet,
Erzogen mich in harter Strenge Schule;

Die kindisch irre schwankenden Verlangen
Das Schicksal und der eigne Trieb bezwangen,
So niemals um Genuß und Glück ich buhle.

Räthsel.

Wie Kastor sich und Polydeukes gleichen,
Wenn durch die Himmel, Roß an Roß, sie sprengen,
Wo sich der Sterngebilde goldne Zeichen
Am Winterabendhimmel glänzend drängen;

So wenn die Sterne vor der Sonne bleichen,
In heiteren und sauren Lebensgängen
Nicht von einander unsre Mütter weichen,
Begleitend wechselweis sich mit Gesängen.

Denn diesen süßen Zwillingsmelodieen
Sah leuchtend uns derselbe Tag entglühen,
Wie Funken nächtlich von den Sternen sprühen.

Ein Räthsel ist dem Hörer vorgeleget,
Und nach der Losung er vergebens fräget,
Da, der nicht ist mehr, sie verborgen träget.

Muth und Geduld.

Der Wille kann aus sich die That erzeugen,
Im Anstoß stark und fest im Widerstande,
Er kann zerreißen enggeknüpfte Bande,
Und zwar das Schicksal brechen nicht, doch beugen.

Ich mir schon frühe machte ihn zu eigen,
Und stähl' ihn fort bis zu des Grabes Rande;
Denn Unentschlossenheit dem Greis ist Schande,
Gereift muß er die Frucht des Lebens zeigen.

Wenn Muth ihm und Geduld zur Seite stehen,
Kann er durch alle Lebensdunkel gehen;
Sich wapnen muß er still und ernst mit beiden.

Denn Glück und Ruhe sind dahin geronnen,
Wenn nicht der Mensch vermag, gefaßt besonnen,
Was ihm das Schicksal sendet, stark zu leiden.

Das Bleibende.

Von dem, was Dichter voll Begeistrung sangen,
Was sie in freier Rede Fluß geschrieben,
Ist Weniges nur bis auf uns geblieben,
Unendliches ist unter längst gegangen.

Kann keine Dauer Geisteswerk erlangen,
Kann Geisteskraft auch nie in Nichts zerstieben,
Das Werk ist Blüthe nur, die sie getrieben;
Die welkt, ihr bleibt ihr strebendes Verlangen.

Wohin die körperlose einst entschwebet,
Ist zwar in ewgen Dunkels Nacht gehüllet;
Doch daß sie aufwärts nicht vergebens strebet,

Verbürgt die Glut, die hier schon in ihr lebet.
An neuem Stoffe sie die Sehnsucht stillet,
Und neuer Born ihr hehren Fühlens quillet.

Licht der Liebe.

In Einem Punkte sich zusammendränget
Mein Leben, wie in seiner höchsten Blüthe;
Aus ihm entsprang dem strebenden Gemüthe,
Woran es sehnend bis zum Grabe hänget,

Und bis dahin es, dunkel eingeenget,
Sein Wollen zu entziffern bang sich mühte:
Da kam mir ihre sonnenmilde Güte,
Wie Thau der Flur, die Sirius Glut versenget.

Wenn mir nun Stralen höhrer Klarheit glänzten,
Sie nur von ihres Schimmers Lichte stammten;
Denn mit den Glorien, die sie umflammten,

Die Stirn mir ihre Hände huldreich kränzten;
Was zartren Ursprungs sich in mir verkündet,
Hat ihrer Liebe Inbrunst erst entzündet.

Die Beglückteren.

Wenn sich die Pappeln zu einander neigen,
Sie Liebliches sich wohl vertraulich sagen,
Vielleicht sie, flüsternd, freudig sich bezeigen,
Daß schwesterlich sie darf der Boden tragen,

Daß schöngeordnet sie, wie Jungfraunreigen,
Empor in freundlichem Vereine ragen,
Nicht, einsam trauernd, in die Lüfte steigen,
Dem öden Wind nicht ihre Sehnsucht klagen.

Wenn Bäume nah, geliebt und liebend, stehen,
Des Schicksals Loose günstiger ihnen wehen,
Als uns, die rauhe Stürme hart oft trennen.

Sie, festgewurzel', frei die Kronen regen,
Sich an einander, süß geschwätzig, legen
Und Scheidungsschmerz allein im Tode kennen.

Weihe der Zeit.

Erhaben tönet erst des Donners Rollen,
Wenn fern vom fürchterlichen Schlag man stehet,
In Wolkenbild der Nebel übergehet
Erst, wenn man nicht von ihm ist mehr umquollen.

Wenn sich Gestalt und Ton entfalten sollen,
Muß man durch leeren Raum sie fern erspähen;
Denn auch im Leben scheint verwirrtes Drehen
Der Menschen augenblicklich Thun und Wollen.

Nur in der Weltgeschichte ruhger Klarheit
Erschauet man der Vorzeit tiefe Wahrheit,
Wenn die Erscheinung längst entfloh den Sinnen;

Dann wann die Stille der Betrachtung sieget,
Und Zug vor Zug zum Bild zusammenfüget,
Kann sie Gestalt erst vor dem Blick gewinnen.

Der Niagara.

Der Niagara über Felsen schäumet,
Und pfeilschnell dann hinab zum Abgrund schießet;
In stiller Majestät nachher er fließet,
Da er den Pfad sich siegreich aufgeräumet.

Des Helden Schritt auch Hinderniß nicht säumet,
Er seiner Kräfte stolzes Recht genießet,
Ihm widerstehn sich mit dem Leben büßet;
Er kühn verwirklicht, was er kühn geträumet.

Doch öffnet sich dem Helden einst die Erde,
Sein Loos ist, daß er fortgerissen werde,
Wo keiner irdschen Größe Glanz mehr schimmert.

Der Niagara braust durch Ewigkeiten,
Wie er gebrauset in uralten Zeiten,
Eh' je ein Menschenschifflein ward gezimmert.

Der Orinoko.

Jahrtausende der Orinoko fließet,
Und froh aufbrausend sich ins Meer ergießet;
Er rollend sah in wechselnden Gestalten
Die Erd' und ihre Wohner sich entfalten.

Des Tropfens Leben jeden Lauf beschließet,
Er einmal nur des Meeres Pforten grüßet,
Kann in der Elemente wüstem Walten
Oft nur als Duft sich in dem Luftraum halten.

Der Menschenstrom sich auch so fort beweget,
Allein die Einzelnen, aus deren Menge
Er doch besteht, sich kurz in ihm nur drehen,

Und in dem tiefen All dann untergehen.
Sie treibt des Ganzen tosendes Gedränge,
Und kein Herz fühlend jenem Ganzen schläget.

Der Mississippi.

Zum Meer des Mississippi Wasser flogen,
Als nie noch hatte Menschenwort geklungen,
Als die Natur von Dumpfheit lag bezwungen,
Und Ungebilde durch den Urwald zogen.

Die Gränzen waren noch nicht abgewogen,
Der große Streit war noch nicht ausgerungen,
Wie die Natur vom Geiste soll durchdrungen
Maaß setzen ihrem eigenmächtgen Wogen.

Erst mit des Menschen in der Welt Erscheinen
Die ewge Scheidewand sich sondernd setzte,
Wo vor der Elemente wildem Stürmen

Bewahret milder Gottheit huldreich Schirmen,
Wo Menschenohr an Menschenklang sich letzte,
Und starren Schmerz erweichte sanftes Weinen.

Aphrodite.

Das Wasser lieh mir seine dichte Hülle,
Als ich noch schlummernd lag im Meeresschaume;
Es war, ihr wißt es, Götter, nicht mein Wille,
Herauf zu steigen zu des Aethers Raume.

Wie lieblich quoll der Welle weiche Fülle
Um meine Schwanenbrust, und wie im Traume,
Genoß ich süß balsamisch duftge Stille
Dort unter dem krystallnen Flutensaume.

Hier im Olymp und auf der Menschen Erde
Von Zwist, wie der in Asche Ilion legte,
Durch Götterneid bedroht ich ewig werde.

Drum Liebe zu den Wellen fort ich hegte;
Und wo ich Künstlerphantasie anregte,
Sieht man mich meist in badender Geberde.

Der Jugend Genius.

Wer seiner Jugend treu bleibt durch das Leben,
Und hoch im Herzen achtet diese Treue,
Bewahret Einheit in des Geistes Streben,
Und kennt den Stachel niemals bittrer Reue.

Des Alters Brust noch die Gefühle heben,
Die heiligten der Jugend Blüthenweihe;
Der ersten Sehnsucht leises Wonneleben
Dem ganzen Dasein glänzt, wie Himmelsbläue.

Denn von den duftgen Lebenskränzen allen
Am duftigsten der Kranz der Jugend schwillet;
Bis hin zum Grabe Balsam ihm entquillet.

Die andren auf Momente nur gefallen.
Die Hand der Zeit ein Herz läßt unberühret,
Das fromm und treu der Jugend Genius führet.

Lea.

Dir war der Sturm der Leidenschaften lieber,
Als Wehmuthsschweigen tief im stillen Herzen,
Dein Wesen trieb dich in ihr kochend Fieber,
Und sandte dir verzehrend ihre Schmerzen.

Allein die Leidenschaft, die trüb' und trüber
Kann auch des Busens reinen Himmel schwärzen,
Doch läuternd geht ins ganze Dasein über,
Wie Glut die Schlacke löst von edlen Erzen,

Sie war dir fremd; bald stürmend bald beklommen,
Bist nie zum Seeleneinklang du gekommen,
Der die erhabensten der Frauen schmücket.

Viel konntest denkend, fühlend du erringen,
Doch nie dich auf zu ihrer Größe schwingen,
Nie hat dich ihre Götterruh' erquicket.

Der süße Traum.

Wenn Traum, der lange ausblieb, wiederkehret,
Ist er, wie altbewährter Freund, willkommen,
Der liebreich seinen Weg zu uns genommen,
Da lange seiner Nähe wir entbehret.

Doch wer so unsre nächtgen Freuden mehret,
Und wecket Funken, der schien ausgeglommen?
Und wem kann unsrer Sehnsucht Täuschung frommen
Daß er geliebtem Bild zu nahen wehret?

Giebts eine Traumwelt in des Dunkels Reichen,
Aus der herumzuwandern still auf Erden,
Entlassen unsrer Freuden Schatten werden?

Dann können nicht wir mit dem Schicksal rechten.
Ach! läg' es in des Herzens eignen Mächten,
Nie würde sie aus meinen Träumen weichen.

Freiheit und Zwang.

Der Mensch muß oft ein Joch sich auferlegen,
Und sich aus eigner Willenskraft bezwingen;
Der Selbstbeherrschung nur kann es gelingen,
Sich frei in richtgen Bahnen zu bewegen.

Denn Freiheit ist nicht regelloses Schwingen
Des Geistes; sie, der Seele stiller Segen,
Ist nicht, auch strenger Fesseln Zwang entgegen,
Wenn sie kann selbst in sich den Sieg erringen.

Doch muß den Zügel schießen lassend wieder
Er auch, des Zwangs vergessen, sich erheben,
Dem Adler gleich, auf schwebendem Gefieder.

Wem Kraft Entschluß und Selbstverleugnung geben,
Ziehn nicht des Erdenstoffs Gewichte nieder,
Er kann in Aetherhöhe sicher leben.

Macht des Geistes.

Hülflosigkeit dem Geiste Spannung giebet,
Daß er des Wesens volle Kräfte übet;
Doch oft auch seine Kraft sie niederdrücket,
Und alle Sehnen seines Muths umstricket.

Des Starken Kraft bleibt heiter, ungetrübet,
Wenn vor dem Schicksal auch sein Glück zerstiebet;
An seiner Stärke Quell er sich erquicket,
Harrt nicht auf das, was ihm der Himmel schicket.

Von weiser Gottheit unsichtbaren Händen
Hat er, weß er bedarf, in sich empfangen,
Und kann hervor aus sich es selbst nun spinnen.

Wenn auch des Lebens Ströme wechselnd rinnen,
Muß doch er zum gesteckten Ziel gelangen,
An niemand Fodrung, als an sich, zu wenden.

Hieroglyphen.

Wenn einem Volke sinnreich es gelinget,
In Zeichen den Gedanken stumm zu hüllen,
Oft nach Jahrtausenden hervor er springet,
Noch später Nachwelt Wißbegier zu stillen.

Was so von Volk zu Volk sich geistig schlinget,
Ist überirdisch ewges Wahrheitquillen,
Abhängig nicht von dem, was Mensch vollbringet,
Stark durch sich selbst, der Zeiten Raum zu füllen.

Denn gleich kostbarer Steine edlen Minen,
Im Schooß der Zeit der Wahrheit Schätze liegen,
Und sich des Munds der Sterblichen bedienen.

Was nun der Blöden Stimme wahr entschallet,
Voll Kraft, des Irrthums Dunkel zu besiegen,
Das her aus jener ewgen Tiefe hallet.

Griechische Sprache.

Der Völker Sprachen grüblend zu vergleichen,
Heißt tief in ihres Geistes Wesen dringen;
Denn wie die Welt zu fassen sie erreichen,
So sinnbegleitend ihre Töne klingen.

Das Leiseste muß finden schallend Zeichen,
Der Laut umsonst nicht mit dem Geiste ringen,
Und wie der Siegerwagen flüchtge Speichen,
Muß sich der Rede Wechselfügung schwingen.

Nicht alle Völker dieses Ziel ereilen,
Nicht alle dieses Sieges Palme theilen,
Doch Einem war dies hohe Loos beschieden:

Dem Volk von der Pelasger altem Stamme
Entbrennete des Geistes heilge Flamme
Tonreich, wie keinem andren Volk hienieden.

Orest und Pylades.

In Pylades sich immer gleicher Treue
Erfuhr Orest der ächten Freundschaft Weihe;
Sorgsam in tiefer Brust von ihm getragen,
Fühlt' er das eigne Herz im Freunde schlagen.

Gequälet von des Muttermordes Reue,
Angstvoll, ob Heilung ihm ein Gott verleihe,
In Freundes Brust ausgießend seine Klagen,
Empfand er minder hart der Schmerzen Nagen.

Doch herrlicher die Freundschaft sich erhebet,
Wenn nur der Seele ungetrübter Spiegel
Giebt der Begeisterung des Freundes Flügel;

Wenn keiner hat dem anderen zu danken,
Nur die Gefühle sich so dicht umranken,
Daß jeder in sich doppelt Leben lebet.

Sisyphus.

Nicht Sisyphus im dunklen Reich der Schatten
Allein besteht den Kampf mit eitlem Mühen,
Auch hier, wo Finsterniß und Licht sich gatten,
Gewälzte Steine tückisch oft entfliehen.

Der Starke scheuet nicht der Kraft Ermatten,
Nicht auf der Stirn des Arbeitsschweißes Glühen.
Vollendet viel Herakles Arme hatten,
Und Lohn sah er den muthgen Thaten blühen.

Doch Menschenthat verlanget Göttersegen,
Sonst kann auch leichten Stein sie nicht bewegen,
Und Dinge giebt es, die kein Gott gewähret.

Was kühn zusammen, grüblend, wird gefüget,
Entblößt von Wahrheit, bald zertrümmert lieget,
Und sich der Geist im eignen Thun verzehret.

Tod und Schlaf.

Der Tod sich und der Schlaf, wie Brüder, gleichen,
Doch sind durch mächtge Kluft sie auch geschieden:
Der Tod ist ewig milder Seelenfrieden,
Der Schlaf entfliehet bei der Sterne Bleichen.

Sobald das Licht verdrängt die goldnen Zeichen,
Die Sorge kehrt, die schlafend man gemieden;
Des Schicksalsrades Wirbeldrehn hienieden
Die innre Ruh, die göttliche, muß weichen.

Im Schlafe noch sich um den Menschen streiten
Das Leben, das ihn schreckt mit bösen Träumen,
Und jene Ruhe, die aus Himmelsräumen

Entzückende läßt an ihm niedergleiten.
Im Tode hat der Geist den Sieg errungen,
Und allen Erdengram in Ruh verschlungen.

China.

Voll Eigenheiten ist das Reich der Mitte,
Und ehern eingewohnt in alte Sitte;
Des Lautes Zeichen schreibend es verschmähet,
Und nur nach dem Begriff, dem reinen, spähet.

Doch hemmt es selber seines Fortgangs Schritte,
Als wenn Verbessrung mit dem Guten stritte,
Und auch der Wahrheitforschung zugedrehet,
Erreicht es nicht, was aus der Tiefe wehet.

Sein Dichten sich in Künstlichkeit verlieret,
Und von Despotenzwang zurückgedränget,
Der Rede strömende Gewalt nicht rühret.

So doch das Volk das Menschlichste entbehret,
Und seinen Geist, verschnörkelt und beenget,
In wesenloser Kleinlichkeit verzehret.

Mars.

Von der, die traulich nah dir stand, geschieden
Sitzest du da, mit ernstgefärbtem Blicke,
Als wenn zurück du nach entwichnem Glücke
Schautest, wie Menschen müssen oft hienieden.

Du fühlst nicht Kampfslust mehr im Busen sieden,
Dich kümmern nicht der Throne Wehgeschicke.
Daß alle Erdgeschlechte Ruh entzücke,
Tauchst du die Brust in tiefen, stillen Frieden.

Zu deinen Füßen Amor schalkhaft spielet,
Allein dein Herz nicht seine Pfeile fühlet,
Du willst nicht lassen neue Liebe keimen.

Nur einzig sehnsuchtsvoll in die versenket,
Die dich mit ihrem Nektar süß getränket,
Lebst du mit ihr vereint in goldnen Träumen.

Bei Sternenschein.

In meines Lebens glückbekränzten Tagen,
Nach sonndurchglühter Stunden Sommerschwüle,
In thauumquollner, nächtig heitrer Kühle
Bei Sternenschein, wir oft im Fenster lagen.

Bald weckten, die ihr Licht uns fernher tragen,
Der Leu, die Jungfrau, unsrer Brust Gefühle,
Bald ruhten wir auf Vegas Saitenspiele,
Arkturus Glanz, des Nordens goldnem Wagen.

Die Treugesinnten um den Pol sich drehen
Um niemals, uns verlassend, fern zu stehen.
So stralen dort des Herzens Doppeltriebe:

Im ruhgen Pol das stille Glück der Liebe,
Im Wandelstern die schweifenden Verlangen,
Die an des Wiedersehens Hofnung hangen.

Betrachtung.

Auf Marmor hab' ich sicher euch gegründet,
Daß euch der Stand vor jedem Unfall wahre,
Ihr Bilder, die durch lange Lebensjahre
Mir habt die Brust mit süßer Lust entzündet.

Den Genius ihr jener Zeit verkündet,
Die, daß sie keinen Ruhm der Nachwelt spare,
Und Größres Helios nichts, als sie, erfahre,
Mit Erdendasein himmlisches verbindet.

Stumm saß ich oft vor euch, und stumm verlassen
Nun werd' ich euch, wenn mich das Grab empfänget.
An Phöbus Stralen eure Schönheit hänget,

Der Mensch in Grabesnacht kann sie nicht fassen:
Die irdschen Sinne sind von ihm gewichen,
Den himmlischen ist euer Reiz verblichen.

Mars.

Ich liebe kein olympisches Gebilde
So sehr als, ruhger Kriegsgott, deine Züge.
Du trägst die Spur der großerkämpften Siege
Nur in erhabner Stille Göttermilde.

Du gern durchwandelst Paphos Lustgefilde
Doch sind sie dir nicht eitler Träume Wiege,
Und gegen Amors flatterhafte Lüge
Dient dir der Ernst der Stirn zum sichern Schilde.

Als Griechengeist sich in geweihter Stunde
Auf tief erforschter Wahrheit festem Grunde
Mit kühnem Fluge hatt' emporgeschwungen,

Wo Größe steht mit Reiz in treuem Bunde
Und Menschlichkeit von Gottheit wird durchdrungen,
War edlem Meißel dieses Bild gelungen.

Spes.

Ich lieb' euch, meiner Wohnung stille Mauern,
Und habe euch mit Liebe aufgebauet;
Wenn man des Wohners Sinn im Hause schauet,
Wird lang nach mir in euch noch meiner dauern.

Vor Augen seh' ich hier Hermias lauern,
Ob Schlaf der Io-Wächter schon umgrauet,
Den Gallier, der sein Weib, von Blut umthauet,
Hinsinkend sterben sieht mit Wehmuthsschauern;

Vor allen dich aus der Olympier Kreise,
Dich, süße Hofnung, die, nach Genius Weise,
Du Balsam mildernd gießest in die Wunden,

Und lehrst die Brust in stillen Ernstes Stunden,
Daß von der Sehnsucht Schmerz der Tag befreiet,
Der Menschen Dasein endet und erneuet.

Frühlingswiederkehr.

Wenn sich im Lenz der Bäume Knospen dehnen,
Und Blätter zu entfalten sich bereiten,
Ergreift die Brust ein süß hinschmelzend Sehnen,
Und innrer Drang und äußre Enge streiten.

Doch — kann das dumpfe, ahndungsvolle Wähnen
Zu lichter Klarheit sich hervorarbeiten —
Ist's, wie man Zug von weißbeschwingten Schwänen
Man siehet breiten Strom hinuntergleiten.

Denn aus des tiefsten Busens glühndem Schwellen,
Wie aus des Himmels reinen Silberquellen,
Dann die Gefühle ewger Liebe fließen;

Und wenn auch Schnee sich um die Schläfe leget,
Dieselbe Sehnsucht doch geheim sich reget
Mit jedem Jahr, wie neu die Blumen sprießen.